攝影／森谷則秋　鈴木信雄　造型設計／鹽谷純子
版面設計／岡山友子　排版／柵橋稔
編輯助理／竹內三良子　宮川典子　新海真莉子
主編／吉田節子　編輯／小林伊津子

*本社正式取得日本ヴォーグ社授權，獨家出版發行本書國際中文版
權利，凡未經權利者許可，不得任意影印、重製本書全部或部份內
容，違者原權利者與本社將共同追究，訴之法律。
*本書如有破損、換頁，敬請寄回本社更換。

初版一刷：1999年7月
六刷：2005年11月

Presents of lovely wardrobe.

作為禮物的可愛的服裝

勃留蓋爾蕾絲花樣的長袍和嬰兒帽

尺碼 / 0～6個月
材料 / 嬰兒毛線
設計 / LOOP
編織方法 / 第40頁

小外套・斗篷上下組合成的長袍和嬰兒帽

尺碼 / ○〜6個月　材料 / 嬰兒毛線
設計 / 河合真弓　製作 / 二井久江　編織方法 / 第48頁

C

CD

背心 · 背心的變化

尺碼 / 0～6個月
材料 / 嬰兒毛線
設計 / 河合真弓　製作 / 大塚文子
編織方法 / 第51～53頁

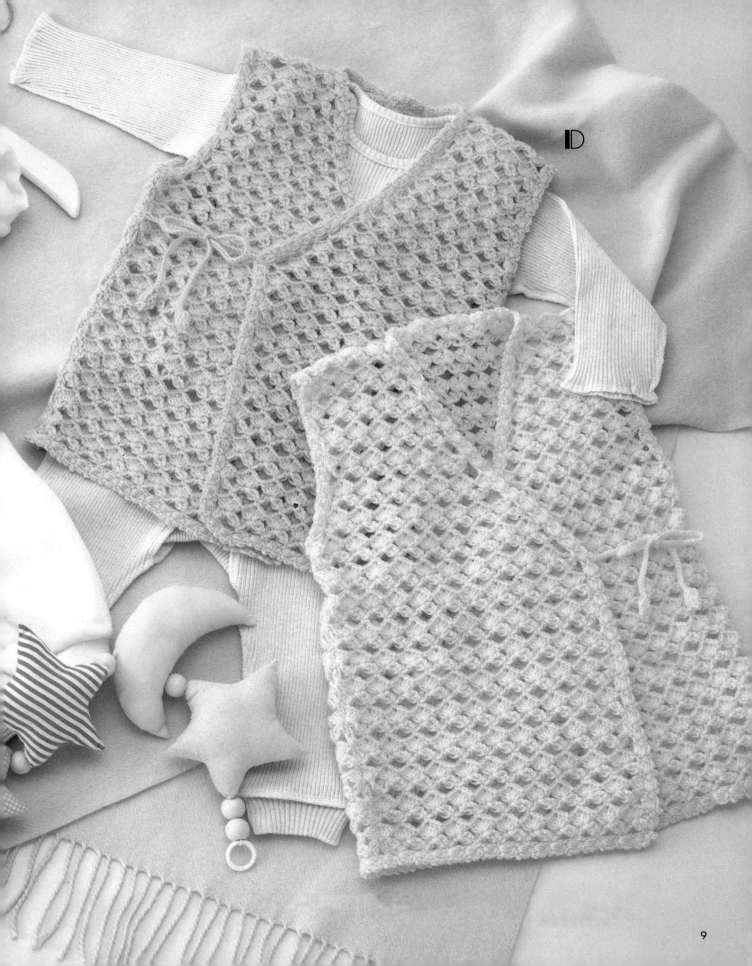

連帽外套和小東西的成套組合

尺碼 / E = 6～12 個月、F = 12～24 個月
材料 / 嬰兒毛線
設計 / 三宅康子　編織方法 / 第 54 頁

IF

Dreaming of the baby in my arms.

夢見襁褓中的嬰兒

G

圖案花樣的包巾・椅墊・背心

尺碼 / 0～6個月　材料 / 嬰兒毛線
設計 / 木實丁子　製作 / 城戶崎廣美　編織方法 / 第58頁

短針的外套

尺碼／0～6個月　材料／並太毛線
設計／泉千惠　編織方法／第57頁

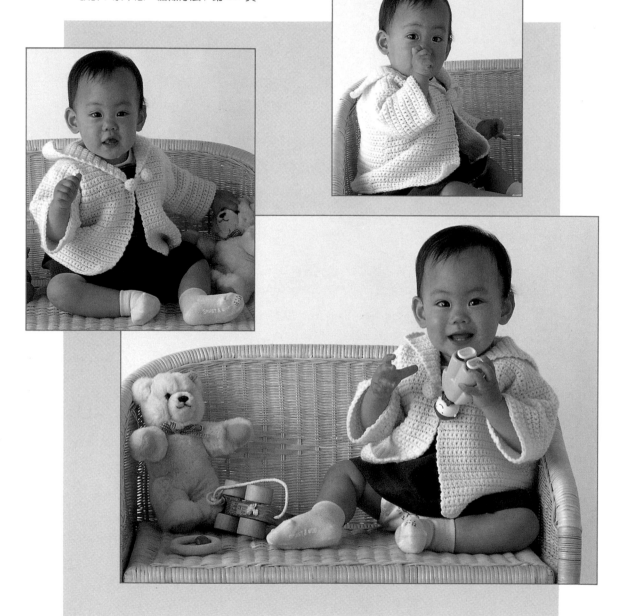

小花花樣的包巾可兼作披肩

材料 / 嬰兒毛線　設計 / 河合真弓
製作 / 米倉尚子　編織方法 / 第63頁

方形圖案的背心和小東西的成套組合

尺碼／6～12個月 材料／嬰兒毛線
設計／石塚始子 編織方法／第60頁

When the baby starts to toddle.

當寶寶開始喜歡散步時

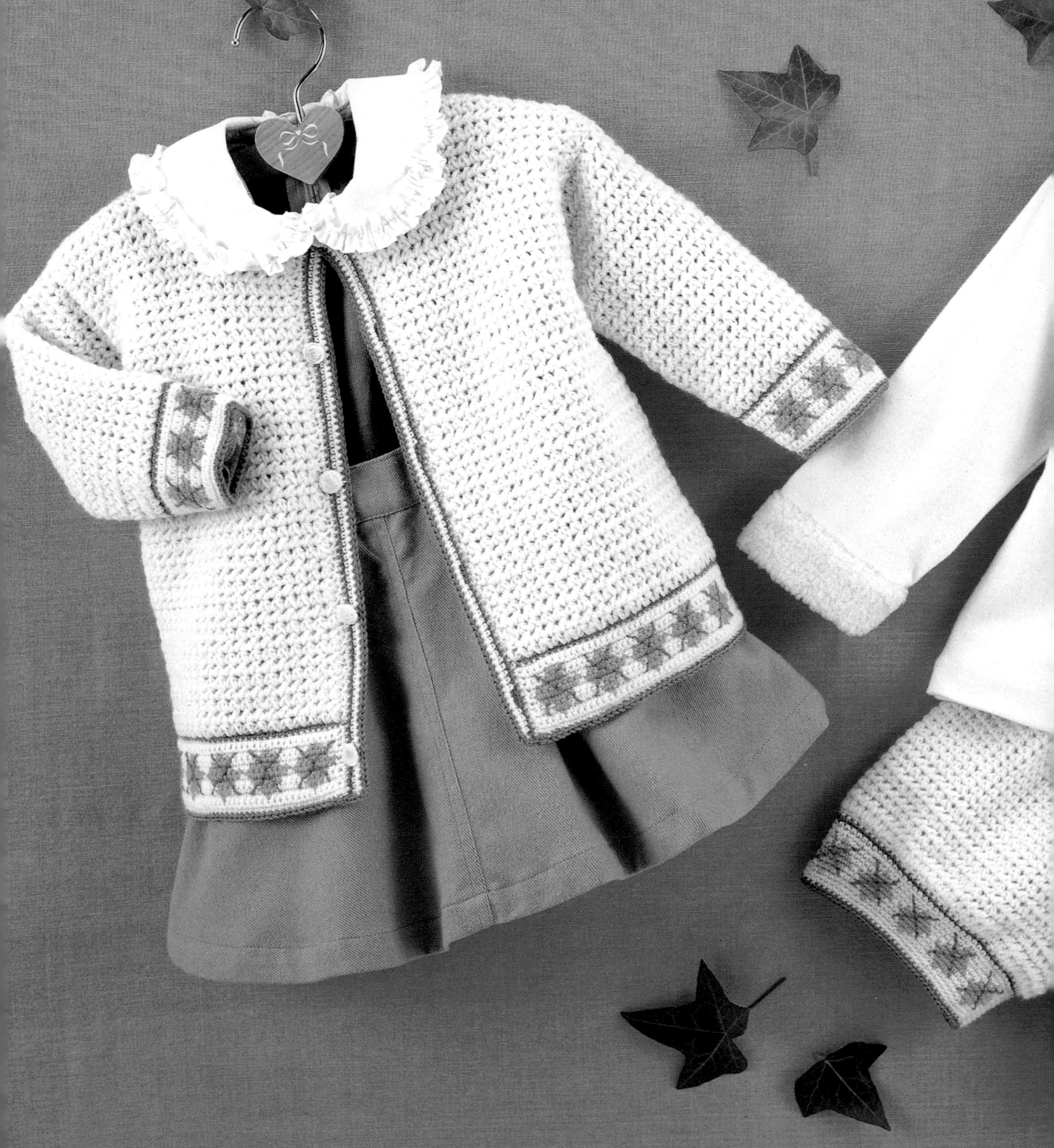

菱形花樣的套裝

尺碼／8～18個月
材料／中細毛線
設計／樋口惠莉子　製作／大場京子
編織方法／第64頁

黃色的套裝

尺碼／8～18個月　材料／中細毛線
設計／木實丁子　製作／荒井綾子　編織方法／第66頁

Easy・Lovely・Mascots!

簡單的・可愛的・吉祥動物

輪狀編織的動物

材料／熊・狗＝並太毛線、兔子・貓＝中細毛線
設計／石塚始子　編織方法／第68頁

在值得紀念的日子穿著討人喜歡的作品

24

自由組合的套裝

尺碼 / 8～18 個月　材料 / 中細毛線
設計 / 風工房　編織方法 / 第 70 頁

花和小熊作裝飾的外套

尺碼 / 8～18 個月　材料 / 中細毛線
設計 / LOOP　編織方法 / 第 74 頁

配色花樣的套頭上衣和褲子

尺碼 / 12～24 個月　材料 / 中細毛線
設計 / LOOP　編織方法 / 第 76 頁

配色花樣的套頭上衣和小東西的成套組合

尺碼／12～24個月
材料／中細毛線
設計／飛內英子　製作／島野久美子
編織方法／第78頁

RS

連帽外套和背心的套裝

尺碼／12～24個月
材料／中細毛線
設計／飛內英子
製作／島野又美子
編織方法／R＝第80頁、S＝第82頁

HAND KNITTING YARN
作品使用線的介紹

照片爲實物大

1 嬰兒毛線

毛 100 %、50g1捲、線長約 250m

適合針號 = 3/0～5/0 號鈎針。

2 極細毛線

毛 100 %、25g1捲、線長約 198m

適合針號 = 0～1 號蕾絲鈎針。

3 中細毛線

毛 100 %、50g1捲、線長約 198m

適合針號 = 3/0～4/0 號鈎針。

4 並太毛線

毛 100 %、50g1捲、線長約 115m

適合針號 = 4/0～5/0 號鈎針。

●一般市面上販賣的毛線在標籤上都會註明成分、重量、線長及
　使用的針號，請依自己喜好選擇需要的線材。

HOW TO KNITTING

簡易的調整尺寸的方法

改變線和針粗細的方法　這是想織比此作品大或小些時，用改變線的種類、粗細和針號大小的編織方法，使得尺寸調整的最簡易方法。下面的照片是作品 B（P.48）小外套的花樣 A。編織和作品完全相同的針數、段數，但在線的粗細和針的大小作改變，則可完全調整出不同的尺寸。到底調整了多少尺寸，依據線的種類和花樣編織的不同而有所不同，所以作品在編織前必定要先織密度（10 cm 平方的針數·段數）來確定尺寸。由於每人手法鬆緊不一，織出來的密度也不同。此時可藉著調整 1～2 號針，即使有小小的誤差，由於織片具有伸縮性，所以不會有問題的。

織片的變化（花樣 A 17 針 6 段）

嬰兒毛線 2 線編織　7/0号針

並太毛線 1 線編織　6/0号針

極細毛線 2 線編織　5/0号針

嬰兒毛線 1 線編織　4/0号針

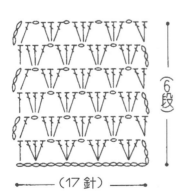

（6 段）

——（17 針）——

參考尺寸表　嬰兒的尺碼雖以 0～24 個月表示，但依據個人發育有所差異及每人所選擇的設計作品之不同，所以請參考尺寸表的大概標準。

成長月份	0個月	3個月	6個月	12個月	18個月	24個月
身　高	50cm	60cm	70cm	75cm	80cm	90cm
體　重	3 kg	6 kg	9 kg	10kg	11kg	13kg

織目記號和其編織方法

鉤針編織完全以記號來表示。幾乎所有的花樣都是以「鎖針‧短針‧長針」的基本織目和「玉針‧爆米花針‧引上針」等的應用織目所組合而成的。織目記號是將織目的狀態以記號表示，是日本工業規格(JIS記號)所制定的。JIS的短針記號是「X」，但在本社(此書)是使用「＋」的記號。

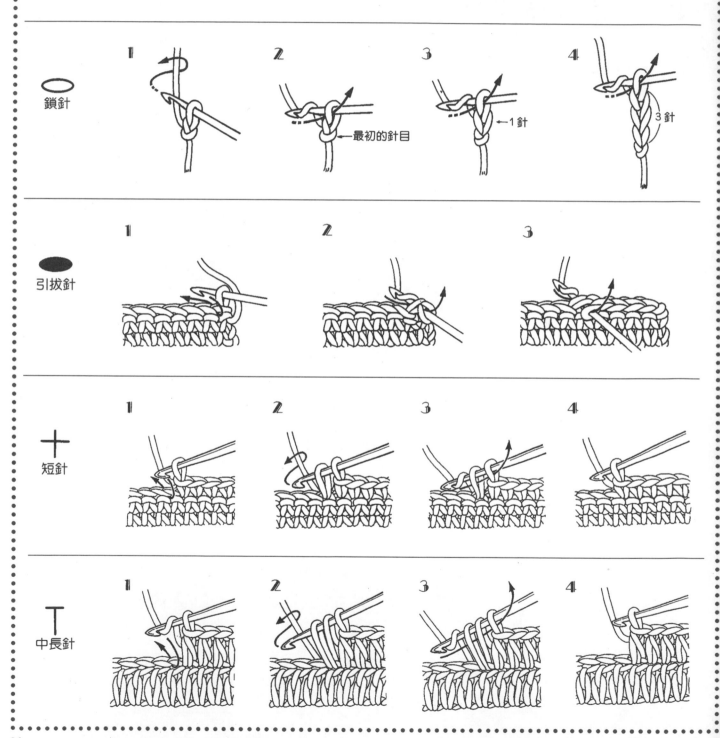

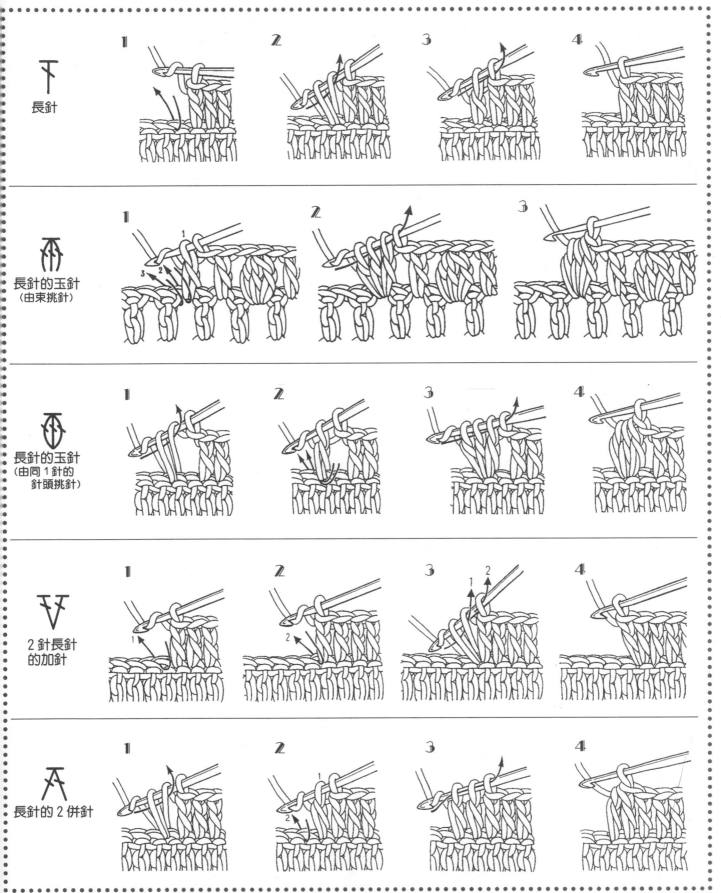

	1	2	3	4
長針				
長針的玉針 （由束挑針）	1	2	3	
長針的玉針 （由同1針的 針頭挑針）	1	2	3	4
2針長針 的加針	1	2	3	4
長針的2併針	1	2	3	4

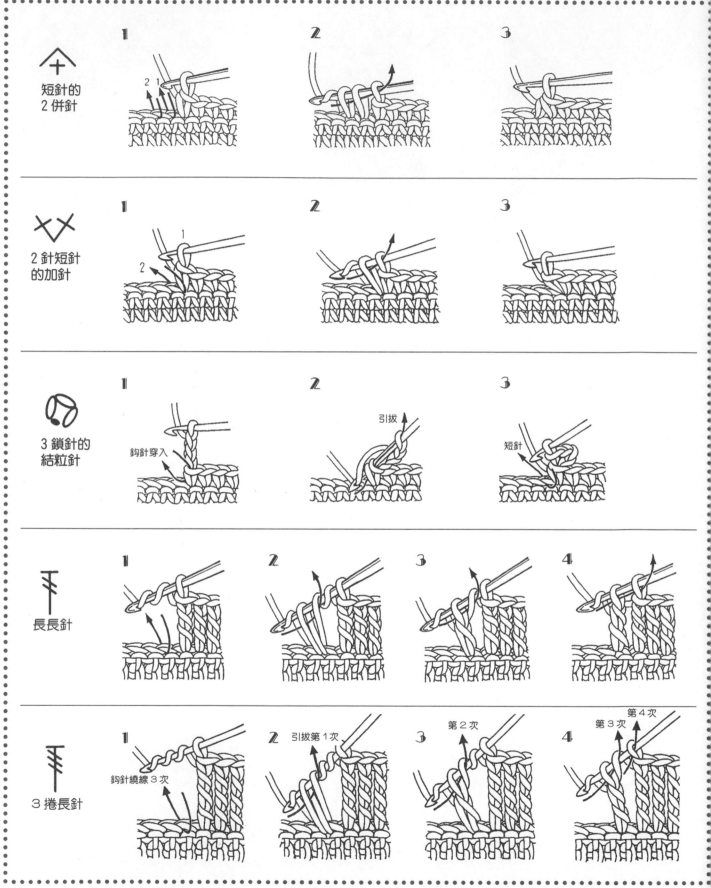

短針的
2併針

1   2   3

2 針短針
的加針

1   2   3

3 鎖針的
結粒針

1   2   3

鉤針穿入   引拔   短針

長長針

1   2   3   4

3 捲長針

1   2   3   4

鉤針繞線3次   引拔第1次   第2次   第3次   第4次

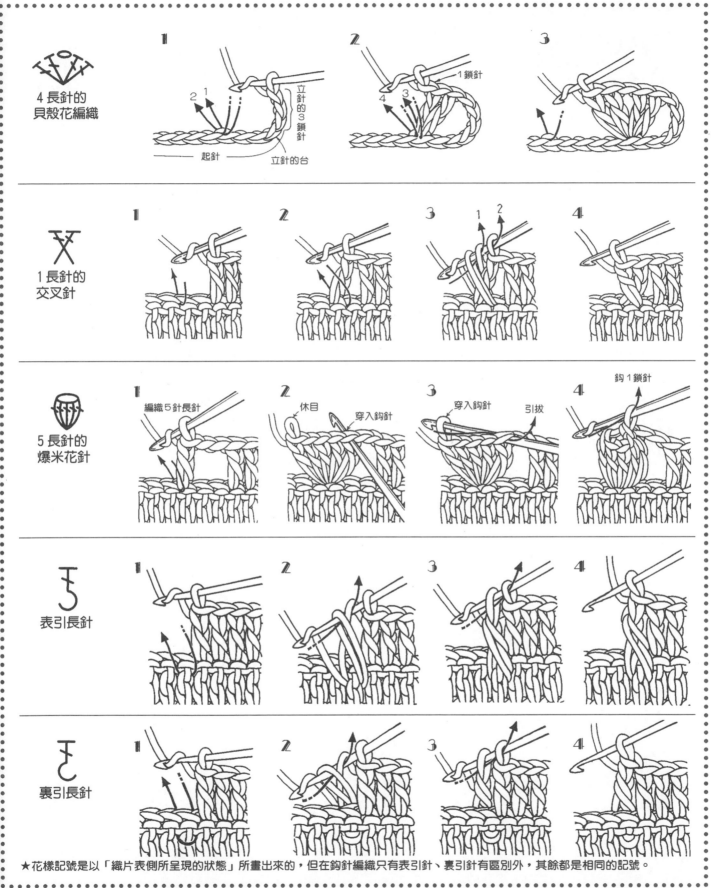

4 長針的貝殼花編織

1　2　1　起針　立針的3鎖針　立針的台

2　4　3　1鎖針

3

1 長針的交叉針

1

2

3　1　2

4

5 長針的爆米花針

1　編織5針長針

2　休目　穿入鈎針

3　穿入鈎針　引拔

4　鈎1鎖針

表引長針

1　2　3　4

裏引長針

1　2　3　4

★花樣記號是以「織片表側所呈現的狀態」所畫出來的，但在鈎針編織只有表引針、裏引針有區別外，其餘都是相同的記號。

●勃留蓋爾蕾絲花樣的長袍和嬰兒帽〔0～6個月〕

材料 嬰兒毛線白色－長袍＝280g（6捲）、嬰兒帽＝30g（1捲）。**工具**——3/0 號鉤針、**附屬品**——直徑 3mm 的珠子 65 粒、1cm 寬的緞帶 180cm。

成品尺寸 長袍＝胸圍 63cm、肩寬 26cm、袖長 22cm、衣長 59cm、嬰兒帽＝參照圖。

織片密度 10cm 平方花樣編織 31 針×12.5 段。

編織重點 勃留蓋爾蕾絲花樣請參照第 43 頁的基礎練習織織看。長袍請參照第 40～45 頁、嬰兒帽請參照第 46～47 頁。長袍＝是由下襬的勃留蓋爾蕾絲花樣前後片連著編織。

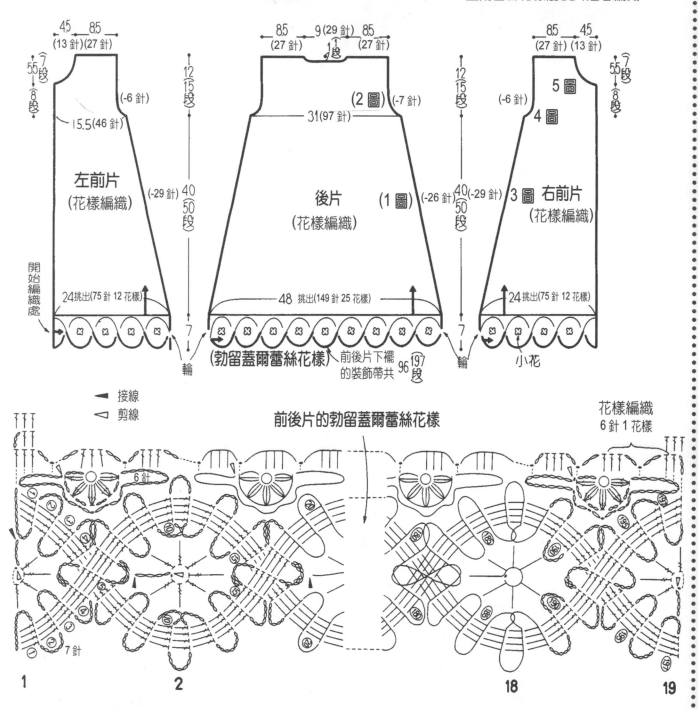

花樣編織是分別由後片、左右前片依順序挑針編織。袖子也是和身片相同要領編織，領子、肩線、脇邊、袖下線、上袖子全都以斜捲縫作接縫。領子是 A・B 兩種類的裝飾帶織成的勃留蓋爾蕾絲花樣，領圍線的內側重疊上緣編 A 以斜針縫作接縫。

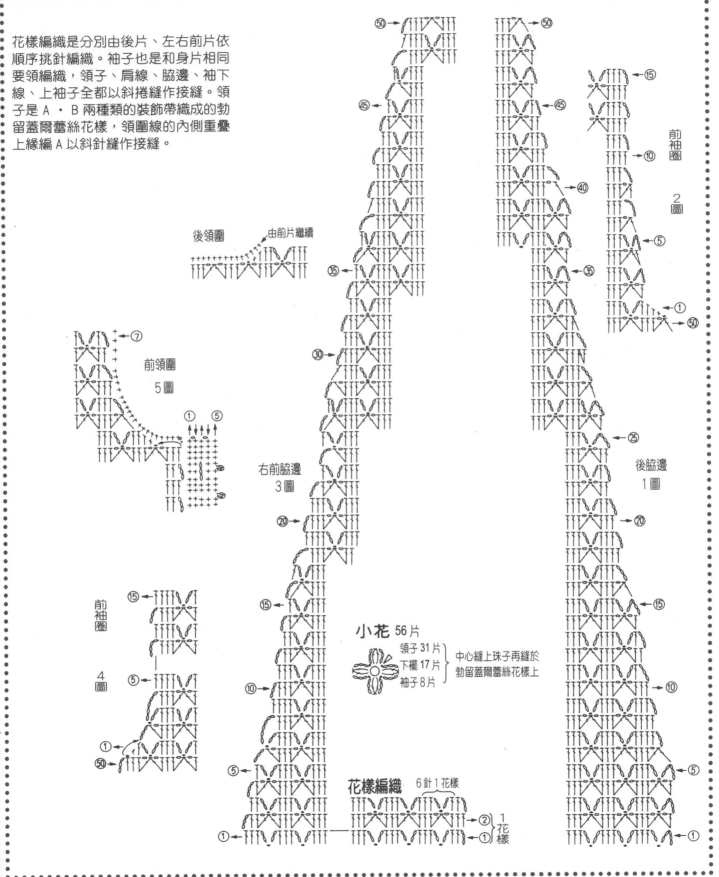

後領圍 　由前片繼續

前領圍
5圖

前袖圈
4圖

右前脇邊
3圖

後脇邊
1圖

前袖圈
2圖

小花 56片
領子31片
下襬17片
袖子8片
中心縫上珠子再縫於勃留蓋爾蕾絲花樣上

花樣編織　6針1花樣
1花樣

41

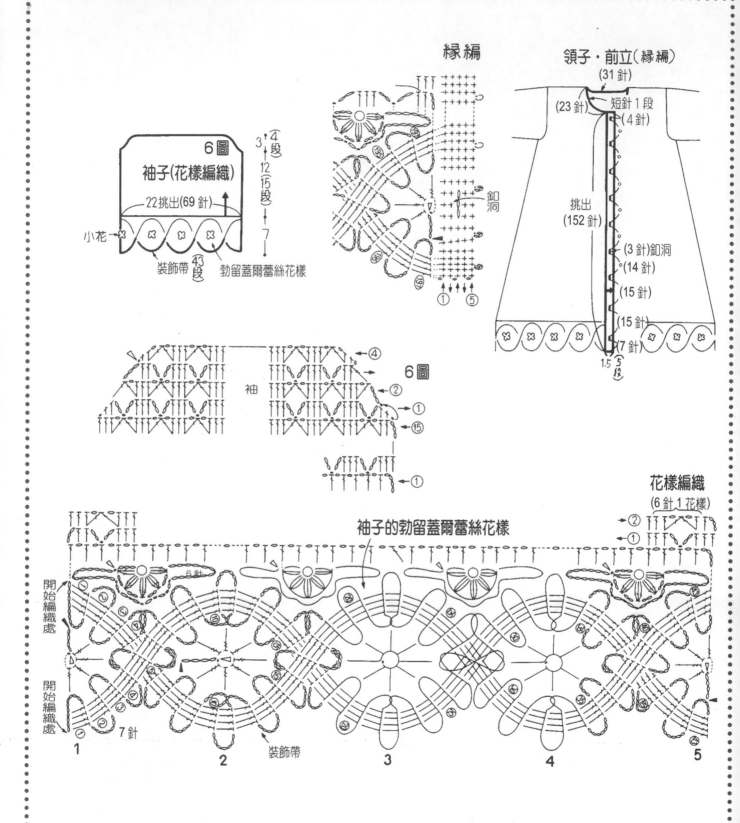

緣編

領子・前立(緣編)
(31針)

短針1段
(4針)
(23針)

挑出
(152針)

(3針)釦洞
(14針)
(15針)
(15針)
(7針)
1.5 {5段}

6圖
袖子(花樣編織)

22挑出(69針)

小花

裝飾帶 43段 勃留蓋爾蕾絲花樣

釦洞

袖

6圖

花樣編織
(6針1花樣)

袖子的勃留蓋爾蕾絲花樣

開始編織處

6針

7針

裝飾帶

1   2   3   4   5

勃留蓋爾蕾絲花樣的基礎

勃留蓋爾蕾絲花樣是以鎖針和長針鉤成的細長條裝飾帶組合成各形各樣的蕾絲花樣。起源於德國，由於有如彎彎的河流，又如同滑雪時的迴轉滑行方法，所以也稱為迴轉帶狀蕾絲花樣，在此音譯為「勃留蓋爾蕾絲花樣」。以簡單織目鉤成的裝飾帶作成曲線優雅的花樣，是輪狀美花樣的特徵。

★**基本的裝飾帶**　鉤起針的 4 鎖針和第①段環圈的 7 鎖針後，4 針長針由起針的鎖針鉤出。第②段鉤『7 鎖針和由前段的針頭鉤出 4 長針』。第③段以後重覆第②段的『　』，鉤出必要裝飾帶的數量。

★**修飾整理的方法**　如實物大準備 2 條裝飾帶參照圖分別接線作成勃留蓋爾蕾絲花樣以固定縫固定。線端則小心的藏於織目的裏側。

基本的裝飾帶

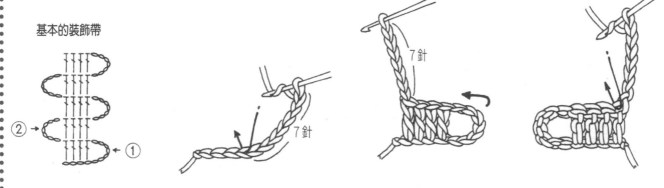

〔實物大圖〕

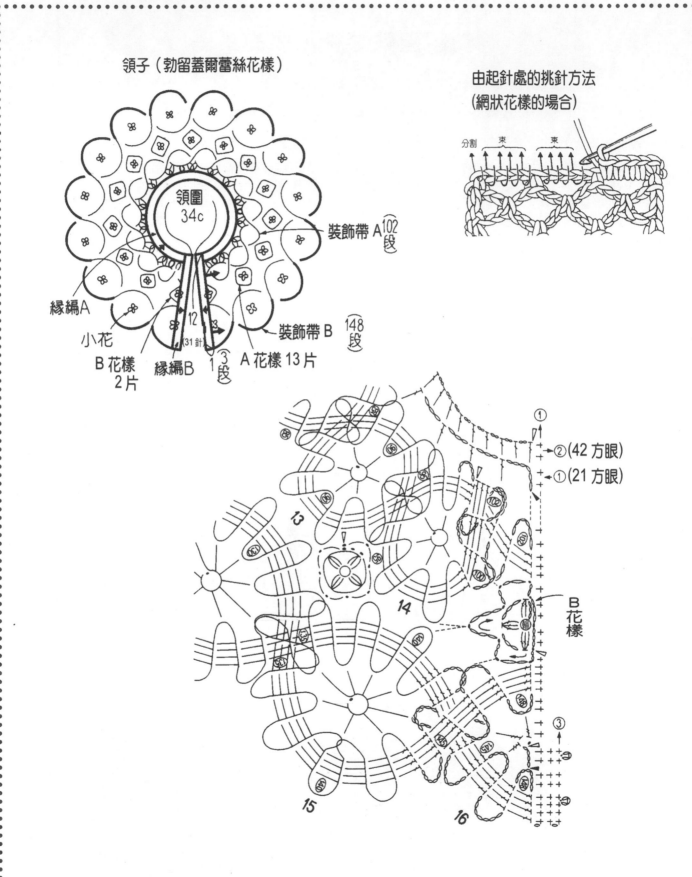

領子（勃留蓋爾蕾絲花樣）

由起針處的挑針方法
（網狀花樣的場合）

分割　束　束

領圍
34c

裝飾帶A 102段

緣編A

小花

裝飾帶B 148段

B花樣
2片

緣編B　12　(31針)　1　3段　A花樣13片

①
②(42方眼)
①(21方眼)

13

14

B花樣

15

16

③

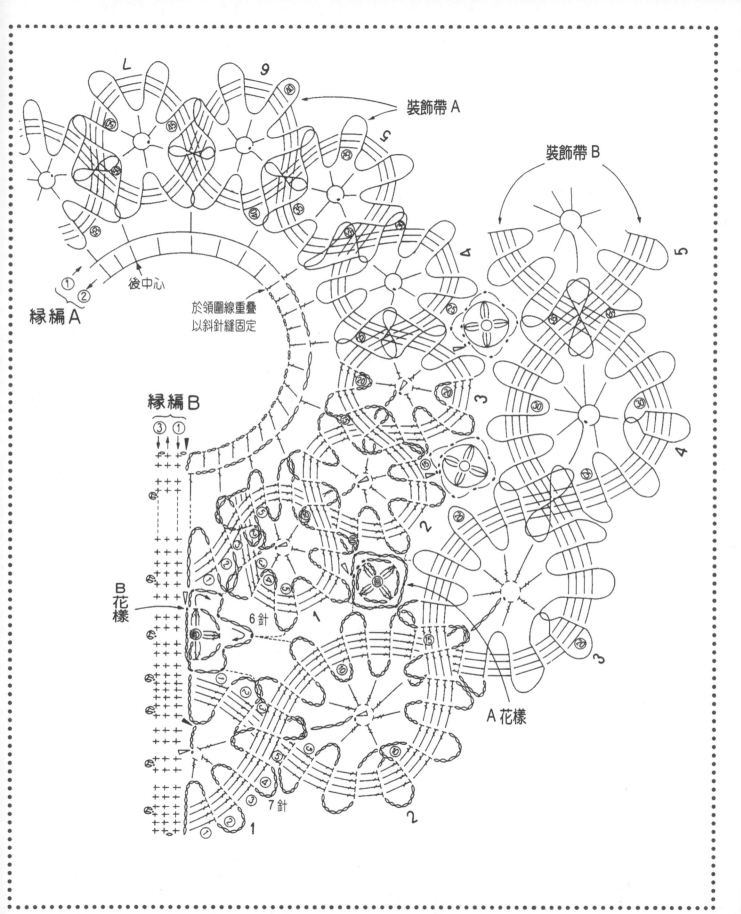

裝飾帶 A

裝飾帶 B

緣編 A

後中心

於領圍線重疊
以斜針縫固定

緣編 B

B花樣

A花樣

6針

7針

嬰兒帽＝由帽沿（臉周邊）的勃留蓋爾蕾絲花樣開始編織。編織 2 條 73 段的裝飾帶，分別依照 1～9 的順序作固定縫。花樣編織是由勃留蓋爾蕾絲花樣挑針編織。側面和後側和△▲記號處以斜捲縫作接縫。鉤緣編 2 段，於第 1 段穿入緞帶。

緞帶 100c

小花

小花　9片

於小花的中心縫上珠子，再固定縫於勃留蓋爾蕾絲花樣的中心

15 2段

11.5 (14 段)

後側

▲

△

11.5 (37 針)　　13 (41 針)　　11.5 (41 針)

嬰兒帽 (花樣編織) 側面

36 挑 (115 針) 19 花樣

8 10 段

5　1　2　3　4　5　6　7　8　9 (緣編)

(勃留蓋爾蕾絲花樣)　　裝飾帶

73 段

15 2段

開始編織處(1)

勃留蓋爾蕾絲花樣

② ① 開始編織處(2) 1

(6 針)

2　裝飾帶

3

4

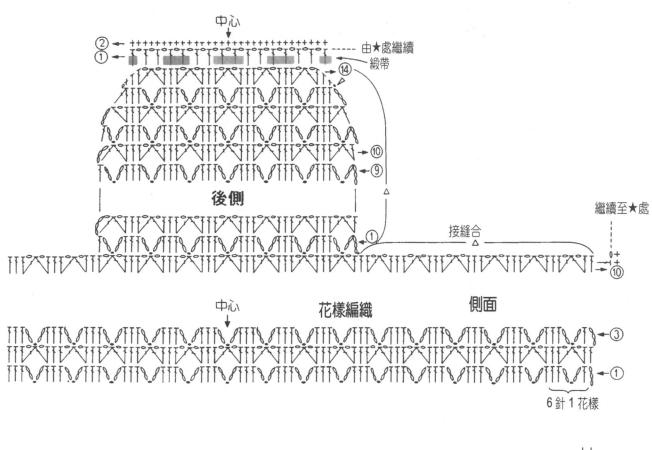

中心

② ←
① ←

由★處繼續
緞帶

⑭

後側

⑩ ←
⑨ ←

繼續至★處

接縫合

①

⑩ →
0 +
+

花樣編織

中心

側面

③ ←
① ←

6針1花樣

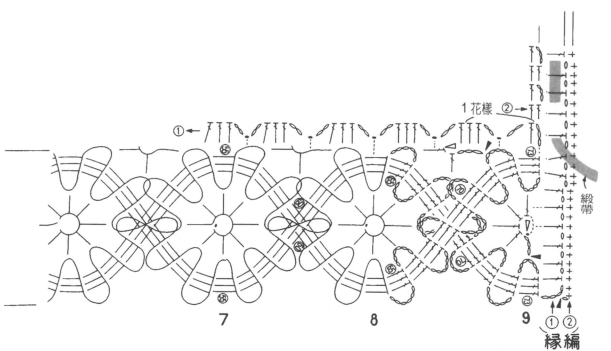

1花樣 ② →

① ←

緞帶

7

8

9

① ②

緣編

IB

彩色第6頁

●小外套・斗篷上下組合成的長袍和嬰兒帽〔0～6個月〕

材料──嬰兒毛線米白色、小外套＝110g、斗篷＝200g、嬰兒帽＝30g、計340g(7捲)。

工具──3/0號鉤針。

附屬品──直徑1.4cm的釦子12個、直徑4mm的珠子8個、15cm寬的緞帶110cm、細鬆緊帶30cm。

成品尺寸──小外套＝胸圍61.5cm、衣長21.5cm、連肩袖長34cm、上下組合的長袍・斗篷・嬰兒帽＝參照圖。

織片密度 10cm平方・花樣A＝31.5針×14段、花樣B＝33針×16.5段。

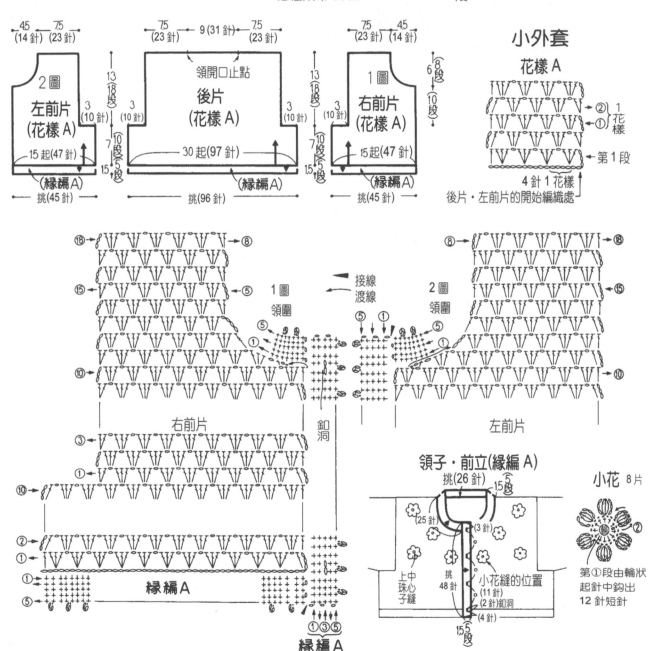

編織重點 此件作品是作為嬰兒的長袍後，上面是小外套，下面取下釦子後作為斗篷可穿到 12 個月前後。小外套＝編織前後片、袖子。肩線、上袖子、脇邊、袖子線都以鎖針、引拔針作接縫。最後鉤緣編和縫上小花。斗篷＝以花樣 B 向著下襬側編織，參照圖鉤緣編和前立。嬰兒帽（參照第 50 頁）＝以花樣 B 由後側開始編織，兩側以鎖針、引拔針作接縫合。

花樣 B

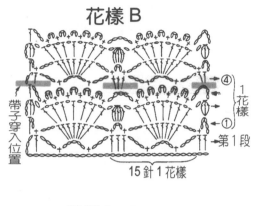

帶子穿入位置

① 第 1 段
④ 1花樣

15 針 1 花樣

緣編 A

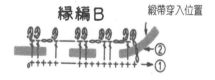

釦洞（右前立）

（2 針）（9 針）（2 針）（29 針）

①〜⑤

緣編 B

緞帶穿入位置

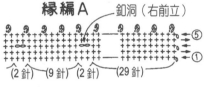

①〜②

小外套的袖子 3圖（花樣 A）

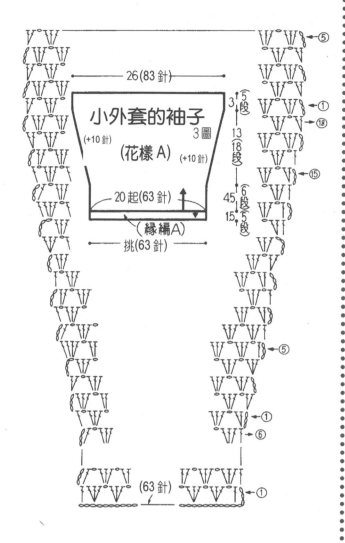

26（83 針）

（+10 針）（+10 針）

20 起（63 針）

（緣編A）

挑（63 針）

（63 針）

長袍的裙子和斗篷（花樣 B）

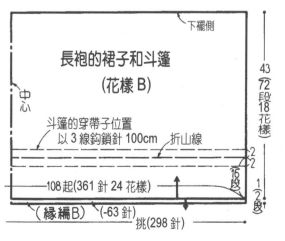

下襬側

中心

斗篷的穿帶子位置
以 3 線鉤鎖針 100cm　折山線

108 起（361 針 24 花樣）

（緣編B）（-63 針）

挑（298 針）

43（72 段 18 花樣）

16 段

1/2 段

前立（短針）

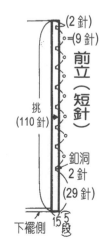

（2 針）
＝（9 針）

挑（110 針）

釦洞 2 針

（29 針）

下襬側

15 5 段

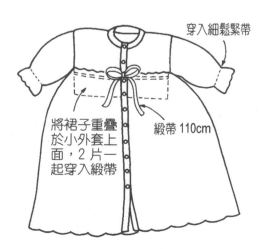

穿入細鬆緊帶

將裙子重疊於小外套上面，2 片一起穿入緞帶

緞帶 110cm

49

B · 嬰兒帽

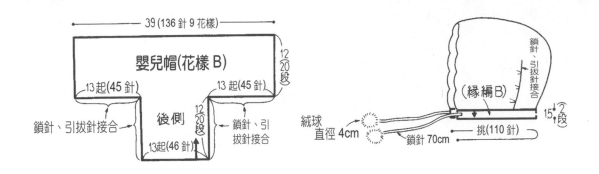

39 (136 針 9 花樣)

嬰兒帽(花樣 B)

13 起(45 針)   13 起(45 針)

12 20 段

後側

鎖針、引拔針接合

13 起(46 針)

12 20 段

鎖針、引拔針接合

(緣編B)

鎖針、引拔針接合

絨球 直徑 4cm

鎖針 70cm

挑(110 針)

15 2 段

嬰兒帽

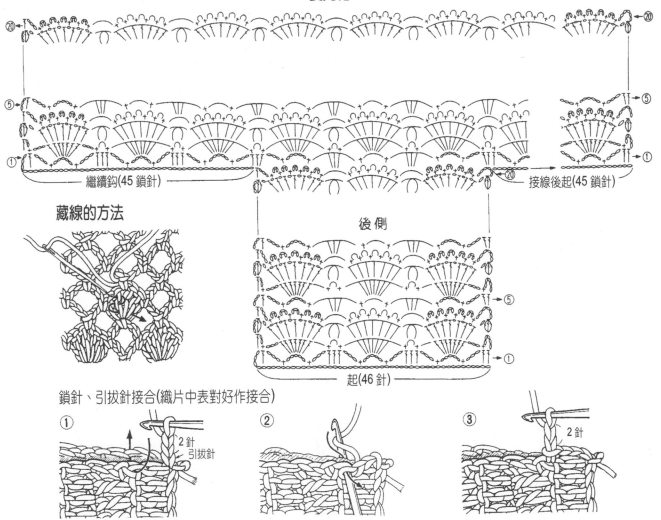

繼續鈎(45 鎖針)

接線後起(45 鎖針)

藏線的方法

後側

起(46 針)

鎖針、引拔針接合(織片中表對好作接合)

① 2 針 引拔針

②

③ 2 針

●背心‧背心的變化〔0～6個月〕

材料——嬰兒毛線水藍色80g(2捲)。
工具——3/0號鉤針。
成品尺寸——胸圍56cm、肩寬24cm、衣長30cm
織片密度——10cm平方‧花樣編織21.5針×9.5段。
編織重點——C的背心較短，D的背心

(第52頁)是在脇邊長的部分鉤比C的脇邊長些。花樣編織的第①段、第③段等的奇數段是看著織片的裏側編織。後片織好後，於領開口止點以別色線作上記號。前片編織左右對稱的2片。肩線以斜捲縫縫合，脇邊則以鎖針、引拔針作接合。領子‧前立‧下襬‧袖圈鉤織緣編作修飾。

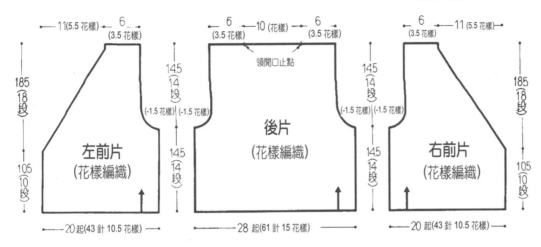

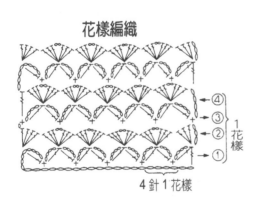

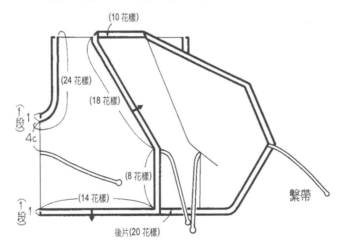

領子‧前立‧下襬‧袖圈(緣編)

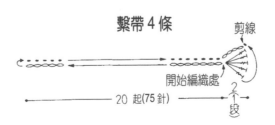

彩色第9頁

●背心・背心的變化〔0～12個月〕

材料──嬰兒毛線淺綠色、米黃色各 100g(各2捲)。工具──3/0 號鉤針。
成品尺寸──胸圍56cm、肩寬24cm、衣長38.5cm。
織片密度──10cm 平方・花樣編織 21.5 針×9.5 段。
編織重點──和C背心(第51頁)相同

要領編織，比 C 背心的脇邊長多織 8 段。以此種方法只在脇邊長作增長或減短就可很容易的調整長度的尺寸(其他作品也是相同要領)。前立的緣編鉤 16 花樣作修飾。鉤前片打合分的 4 條繫帶，參照圖作接縫。

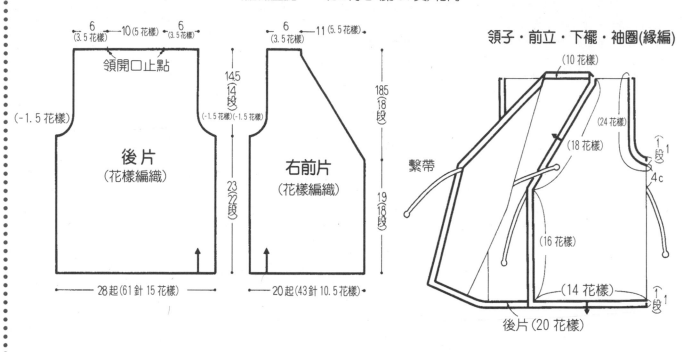

後片(花樣編織)
28 起(61針 15 花樣)
領開口止點
6(3.5 花樣) 10(5 花樣) 6(3.5 花樣)
(-1.5 花樣)
(-1.5 花樣)(-1.5 花樣)
14.5(14 段)
23(22 段)

右前片(花樣編織)
20 起(43針 10.5 花樣)
6(3.5 花樣) 11(5.5 花樣)
18.5(18 段)
19(18 段)

領子・前立・下襬・袖圈(緣編)
(10 花樣)
(24 花樣)
(18 花樣)
1 段
4 c
繫帶
(16 花樣)
(14 花樣)
1 段
後片(20 花樣)

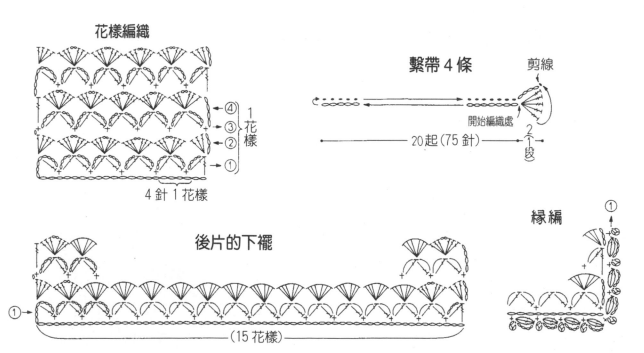

花樣編織
④③②①
1 花樣
4 針 1 花樣

繫帶 4 條
剪線
開始編織處
20 起(75 針)
2(1 段)

後片的下襬
①
(15 花樣)

緣編
①

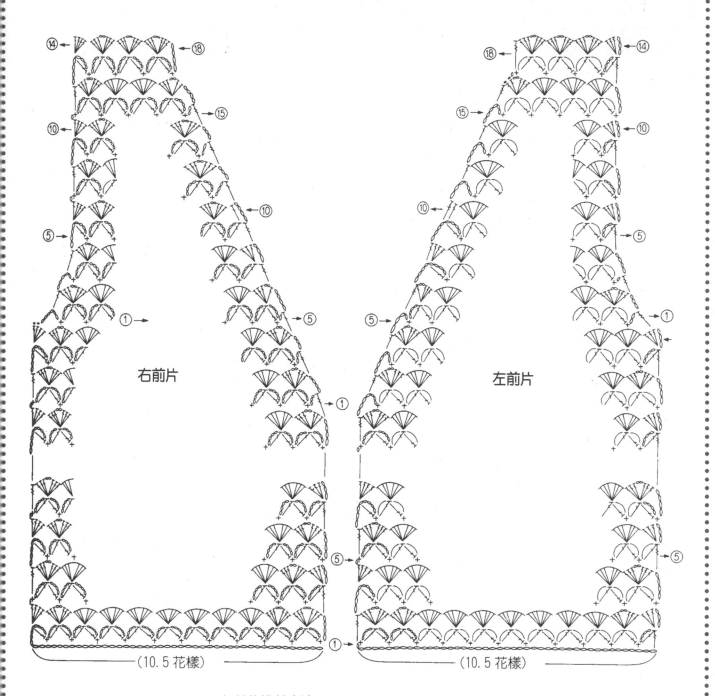

右前片

左前片

(10.5 花樣)

(10.5 花樣)

起針的挑針方法

挑裏山 1 線（粗線的場合）　　　挑鎖針 1 線和裏山 1 線共 2 線（細線的場合）

立針的 1 鎖針

立針的 1 鎖針

●連帽外套〔6～12個月〕

材料——嬰兒毛線 米黃色 240g（5捲）。**工具**——7/0 號鈎針。

附屬品——直徑 1.2cm 的釦子 2 個。

成品尺寸——胸圍 77cm、連肩袖長 36cm、衣長 27.5cm、連帽長度 21cm。

織片密度——10cm 平方、花樣編織 15 針×8 段。

編織重點 全以 2 線編織。前後片都

由下襬起針開始編織，接袖止點的位置以別色線作記號。肩線斜捲縫後，袖子由身片挑針向著袖口編織。連帽部分由前後領圍挑針編織，上面以斜捲縫作接合。袖下線、脇邊分別以引拔接合後鈎短針的緣編作修飾整理，最後縫上絨球。

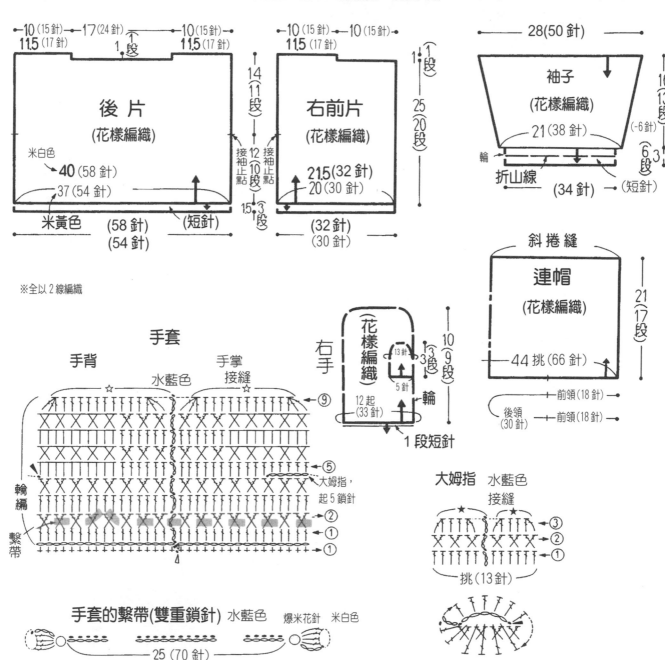

※全以2線編織

後片（花樣編織）
米白色
40（58針）
37（54針）
米黃色 （58針）（54針）
（短針）

右前片（花樣編織）
21.5（32針）
20（30針）
（32針）（30針）

袖子（花樣編織）
28（50針）
21（38針）
輪
折山線 （34針）
（短針）

連帽（花樣編織）斜捲縫
44挑（66針）
前領（18針）
後領（30針）
前領（18針）

手套
手背　手掌接縫　水藍色
輪編　繫帶
大姆指，起5鎖針

右手（花樣編織）
12起（33針）
輪
1段短針

大姆指 水藍色接縫
挑（13針）

手套的繫帶（雙重鎖針） 水藍色　爆米花針 米白色
25（70針）

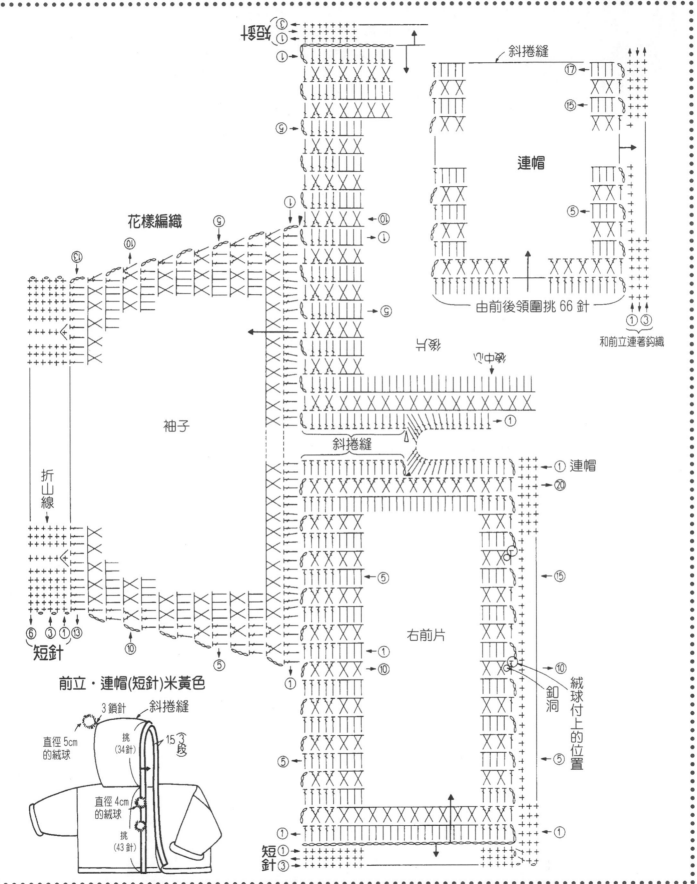

斜捲縫

連帽

由前後領圍挑 66 針

和前立連著鉤織

花樣編織

袖子

折山線

短針

右前片

後片

後中心

斜捲縫

連帽

鈕洞

絨球付上的位置

前立・連帽(短針)米黃色

3鎖針　斜捲縫

直徑 5cm 的絨球

挑(34針)　15(3段)

直徑 4cm 的絨球

挑(43針)

短針

●連帽外套和小東西的成套組合

材料——嬰兒毛線外套＝米白色290g（6捲）、手套、鞋子＝水藍色50g（1捲）、米白色少許。工具——7/0號鉤針。附屬品——直徑1.2cm的釦子2個。成品尺寸 胸圍83cm、連肩袖長37.5cm、衣長27.5cm、連帽長度23cm。織片密度——10cm平方‧花樣編織15針×8段。

編織重點 全以2線編織。連帽外套＝和作品E相同要領前後片的衣寬加寬編織。衣長可將脇邊長段數增加或減少自由調節長度。手套、鞋子＝參照第54～56頁，作為整套的禮物。

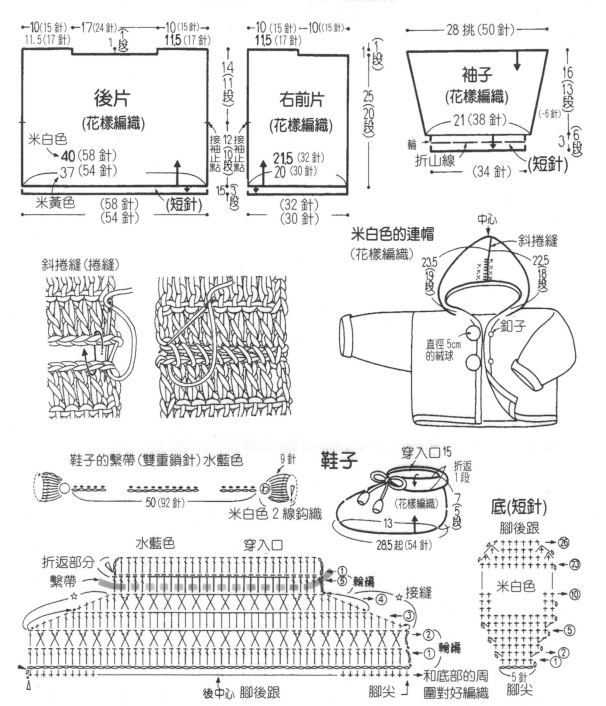

—10（15針）— —17（24針）— —10（15針）—
11.5（17針）　　　　1段　　　11.5（17針）

後片
（花樣編織）

米白色
40（58針）
37（54針）

米黃色　　（58針）
　　　　　（54針）　（短針）

14（11段）
接袖止點　12接袖止點　10段
　　　　　　　　　　段

—10（15針）— —10（15針）—
11.5（17針）

右前片
（花樣編織）

21.5（32針）
20（30針）

（32針）
（30針）

1段　25（20段）

1.5 3段

—28挑（50針）—

袖子
（花樣編織）

21（38針）
輪
折山線
（34針）（短針）

16（13段）（-6針）
3 6段

斜捲縫（捲縫）

米白色的連帽
（花樣編織）

中心
斜捲縫
23.5 19段
22.5 18段
×××
釦子

直徑5cm的絨球

鞋子的繫帶（雙重鎖針）水藍色
9針
—50（92針）—
米白色2線鉤織

鞋子
穿入口15
折返1段
（花樣編織）
13
28.5起（54針）
7（5段）

底（短針）
腳後跟
米白色

水藍色　穿入口
折返部分
繫帶
①輪編
⑤
④ ☆接縫
③
②
①輪編

和底部的周圍對好編織

後中心 腳後跟　　　腳尖

26
23
10
5
2
1
5針
腳尖

●短針的外套〔0～6個月〕

材料──並太毛線米白色 170g（4捲）。**工具**──6/0號鉤針。**附屬品**──直徑 1.5cm 的包鈕 2 個。

成品尺寸──胸圍 60cm、連肩袖長 28.5cm、衣長 26.5cm。

織片密度──10cm平方・短針 16針×18 段。

編織重點 全都以短針鉤成的簡單作品。前後片都是由下襬起針開始編織。袖圈參照圖減針，領開口止點以別線作記號。肩線接合後，領子由前後領圍挑針編織參照圖作分散加針。袖下線、脇邊都各自以捲縫縫合。最後鉤包鈕和鈕環，縫於指定的位置。

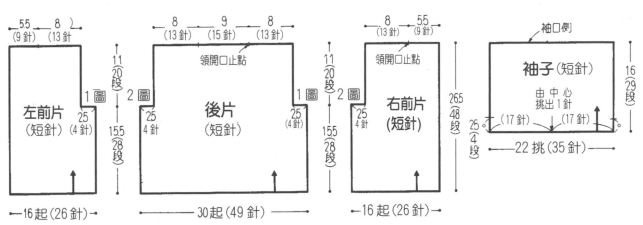

短針

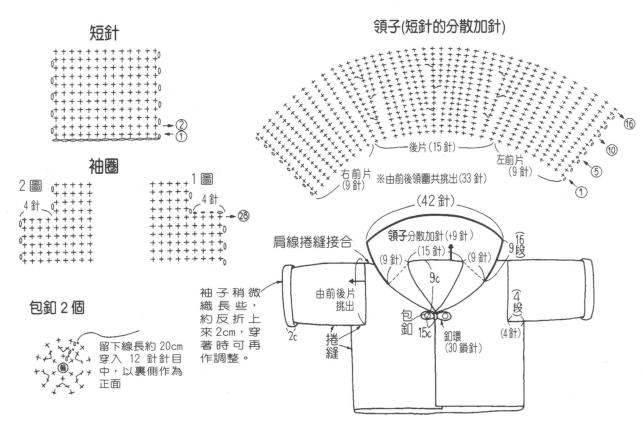

領子(短針的分散加針)

袖圈

包鈕 2 個

留下線長約 20cm 穿入 12 針針目中，以裏側作為正面

肩線捲縫接合

由前後片挑出

袖子稍微織長些，約反折上來 2cm，穿著時可再作調整。

彩色第13頁

●圖案花樣的包巾・椅墊・背心〔0～6個月〕

材料——嬰兒毛線水藍色、包巾＝
240g（5捲）、背心＝80g（2捲）、椅
墊＝米白色70g（2捲）。
工具——3/0號、7/0號鈎針。
附屬品——1.5cm寬緞帶2m、9mm寬
的50cm、36cm方形的海棉墊1個。
成品尺寸——包巾・椅墊＝參照圖、

背心＝胸圍66cm、肩寬33cm、衣長
28.5cm。

編織重點 圖案花樣＝參照圖由中心
起8鎖針開始編織。包巾需9片、背
心需2片。椅墊以2線鈎織。作半目
的斜捲縫接合、鈎緣編作為修飾。調
整線的粗細或片數、可應用在更多的
作品上。

背心
（1線・
圖案花樣2片）

緣編

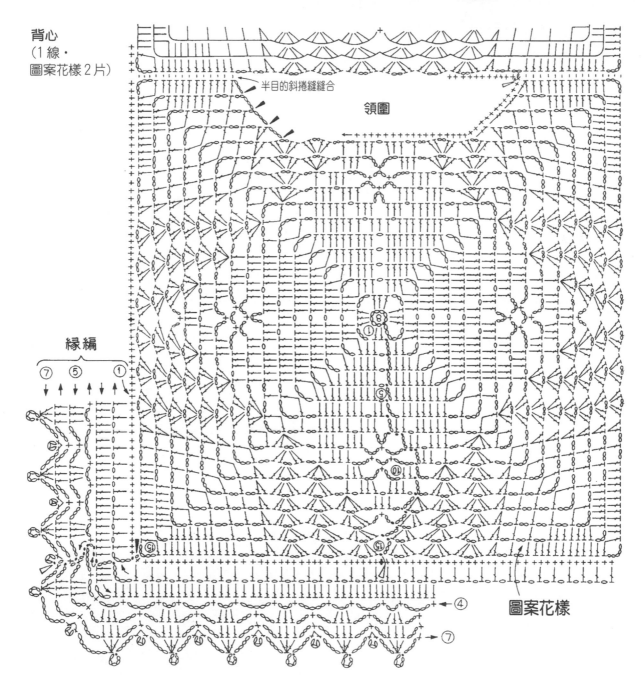

半目的斜捲縫縫合

領圍

圖案花樣

58

彩色第12頁

由鎖針的針目中作分割的挑針

由鎖針作束的挑針

△ 剪線
◀ 接線

椅墊
（2 線鈎織・圖案花樣 1 片）

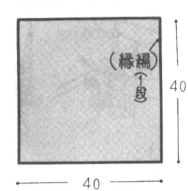

（緣編）
↑段

40

40

挑半目的斜捲縫

圖案花樣

挑半目的斜捲縫

△挑（69針） △挑（69針） ▲挑（70針）

（緣編）

24

24

挑半目的斜捲縫

包巾
（1 線鈎織・圖案花樣 9 片）

45

（3片）

45

45

45

72（3片）

緣編

挑半目的斜捲縫

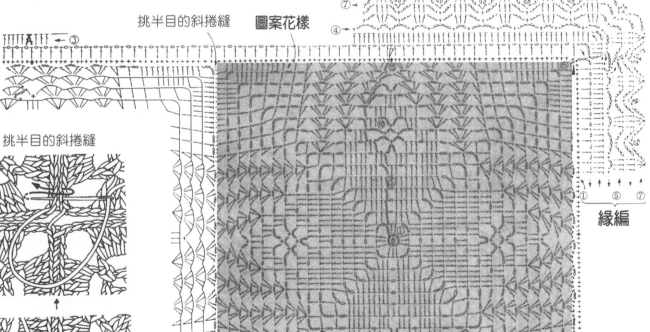

彩色第17頁

●方形圖案的背心和小東西的成套組合〔6～12個月〕

材料——嬰兒毛線　背心＝粉紅色80g、白色10g、帽子、手套、鞋子＝粉紅色65g、白色35g、共計粉紅色145g(3捲)、白色45g(1捲)。

工具——5/0號鈎針。

附屬品——直徑1cm的包釦6個。

成品尺寸——背心＝胸圍58cm、肩寬30cm、衣長27cm、帽子‧手套‧鞋子＝參照圖。

織片密度——10cm平方‧花樣編織29針×14段。

編織重點　背心＝以花樣和配色花樣作編織。領開口止點以別線作記號，脇邊以鎖針、引拔針接合。最後鈎緣編修飾。手套‧鞋子＝請參照第62頁。

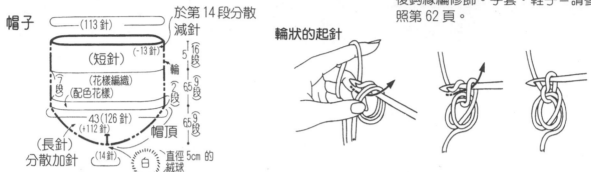

帽子

(113針)

於第14段分散減針

(短針)

(花樣編織)
(配色花樣)

(-13針)

5　16段
輪　2段
6.5　9段

43(126針)
(+112針)

帽頂

6.5　9段

6.5　9段

(長針)
分散加針

(14針)

直徑5cm的絨球

白

輪狀的起針

橫的渡線配色

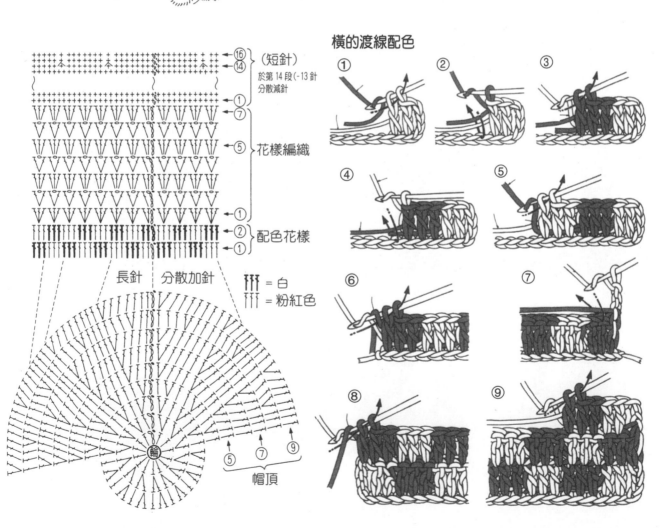

(16) (短針)
(14)

①

於第14段(-13針)
分散減針

(7)

(5)　花樣編織

①

(2)　配色花樣
①

長針　分散加針

┃┃┃ = 白
┃┃┃ = 粉紅色

帽頂

(5) (7) (9)

① ② ③

④ ⑤

⑥ ⑦

⑧ ⑨

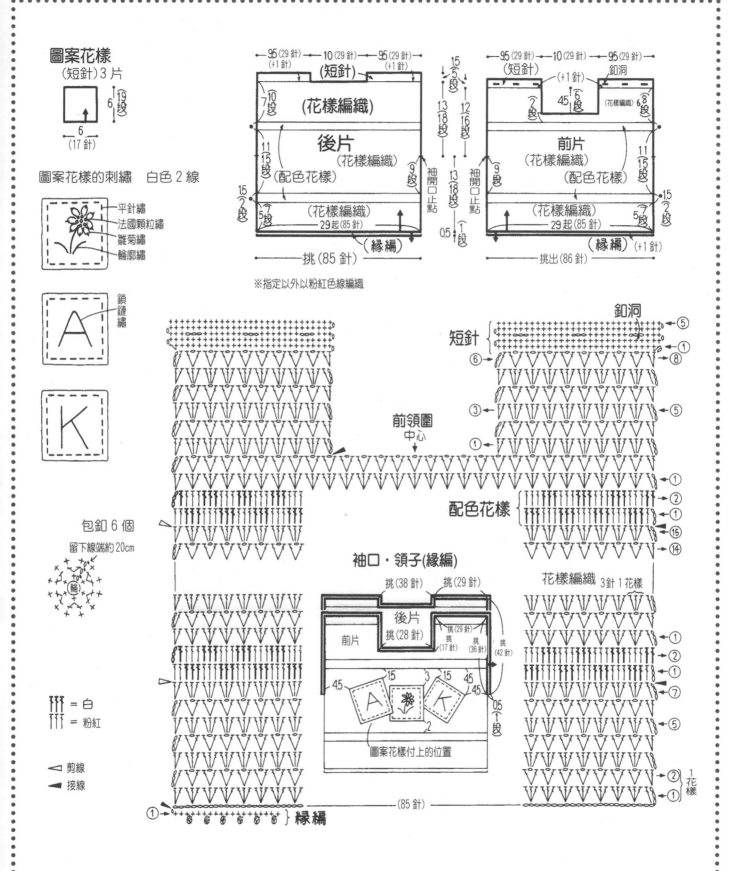

圖案花樣
(短針)3 片

6
(17 針)

6
19段

圖案花樣的刺繡　白色 2 線

平針繡
法國顆粒繡
雛菊繡
輪廓繡

鎖鏈繡

A

K

包釦 6 個

留下線端約20cm

┃┃┃ = 白
┃┃┃ = 粉紅

▷ 剪線
◀ 接線

95 (29 針)(+1 針) — 10 (29 針) — 95 (29 針)(+1 針)
(短針)
(花樣編織)
後片
(花樣編織)
(配色花樣)
(花樣編織)
29 起(85 針)
(緣編)
挑(85 針)

95 (29 針)(短針) — 10 (29 針)(+1 針) — 95 (29 針) 釦洞
(花樣編織)
前片
(花樣編織)
(配色花樣)
(花樣編織)
29 起(85 針)
(緣編)(+1 針)
挑出(86 針)

袖開口止點
袖開口止點

※指定以外以粉紅色線編織

前領圍
中心

釦洞
短針

配色花樣

花樣編織　3 針 1 花樣

袖口・領子(緣編)
挑(38 針)
挑(29 針)
後片
挑(28 針)
前片
挑(29 針)
挑(17 針)
挑(36 針)
挑(42 針)
A　K
圖案花樣付上的位置

(85 針)
緣編

1 花樣

61

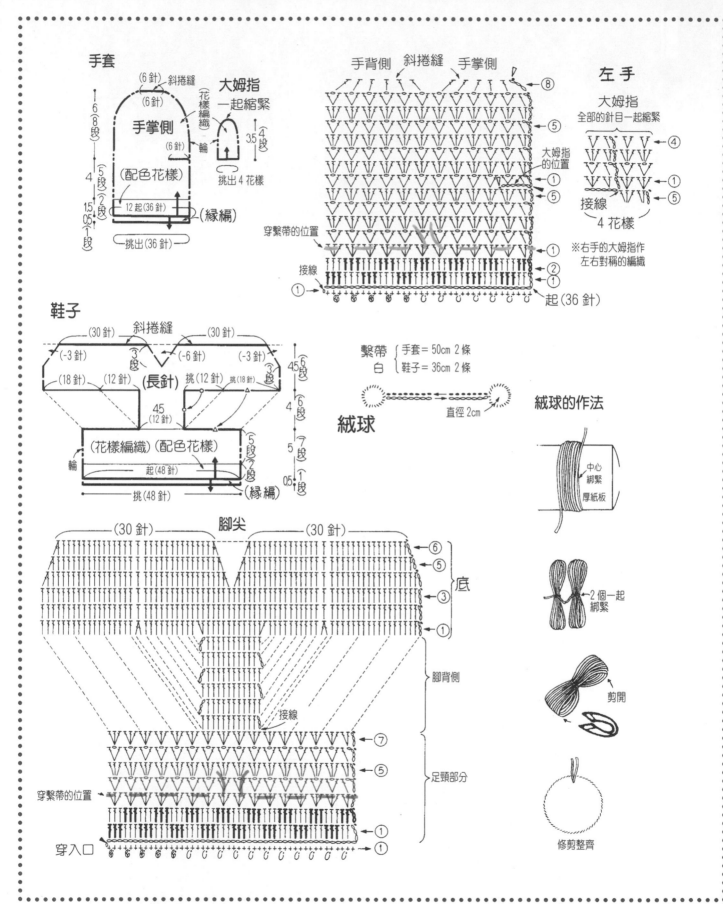

手套

(6針) 斜捲縫
(6針)

手掌側

大姆指
一起縮緊
(花樣編織)
輪

3.5 ｛4段

挑出 4 花樣

6(8)段
4 ｛5段
1.5 ｛2段
0.5 ｛1段

(配色花樣)

(6針)

12 起(36針)
(緣編)

挑出(36針)

手背側 斜捲縫 手掌側

左 手

大姆指
全部的針目一起縮緊

⑧

⑤

大姆指
的位置

① 接線
⑤ 4 花樣

※右手的大姆指作
左右對稱的編織

穿繫帶的位置

接線

⑤
①

②
①

① 起(36針)

鞋子

斜捲縫

(30針)

(30針)

(-3針)

③段

(-6針)

(-3針)

(18針) (12針)
(長針)

挑(12針) 挑(18針)

6 ④段
3 ⑤段
4 ⑥段

45
(12針)

5 ⑦段

輪

(花樣編織)(配色花樣)

起(48針)

5 ⑤段
2 ⑤段
05 ①段

挑(48針)
(緣編)

繫帶 { 手套=50cm 2條
白 { 鞋子=36cm 2條

絨球
直徑 2cm

絨球的作法

中心
綁緊
厚紙板

2 個一起
綁緊

剪開

修剪整齊

腳尖

(30針)

(30針)

⑥
⑤

③

①

底

腳背側

⑦
接線

⑤

穿繫帶的位置

足頸部分

①

穿入口

①

彩色第16頁

●小花花樣的包巾可兼作披肩

材料──嬰兒毛線　米白色　340g（7捲）、淺綠色 10g（1 捲）、粉紅色、米黃色各少許。

工具──3/0 號鉤針。

成品尺寸　90cm×90cm。

織片密度　10cm 平方長針‧花樣編織都是 26 針×13 段。

編織重點　刺繡是以 2 線刺繡、其他則是以米白色 1 線鉤織。鎖針作為起針，注意起針的針目不要太緊。參照圖鉤好長針和花樣編織之後，周圍鉤織緣編修飾。鉤花和葉片的圖案花樣縫上作裝飾，最後參照圖作刺繡。

圖案花樣付上的位置

花葉

（花樣編織）

（長針）

圖案花樣

葉 44 片

花 24 片

花樣編織

長針

刺繡的方法

捲線玫瑰繡（粉紅色）
捲線顆粒繡（米黃色）　2 線刺繡
雛菊繡（淺綠色）

捲線玫瑰繡

3出
1出
2入
4 捲線（捲比 2～3 的尺寸稍為長些）
5 拉線
6入

捲線顆粒繡

雛菊繡

緣編

接線

剪線

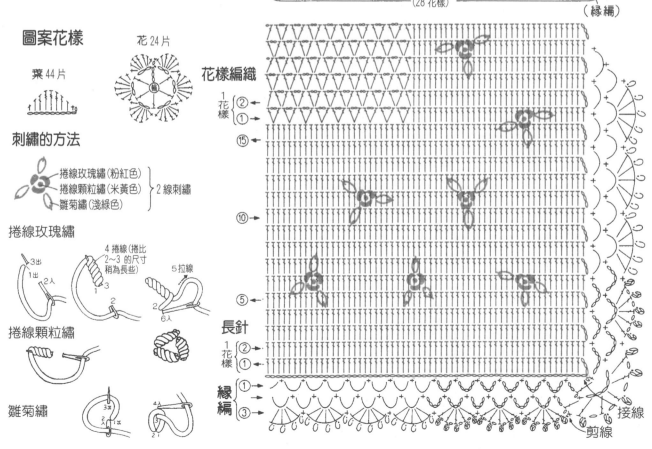

63

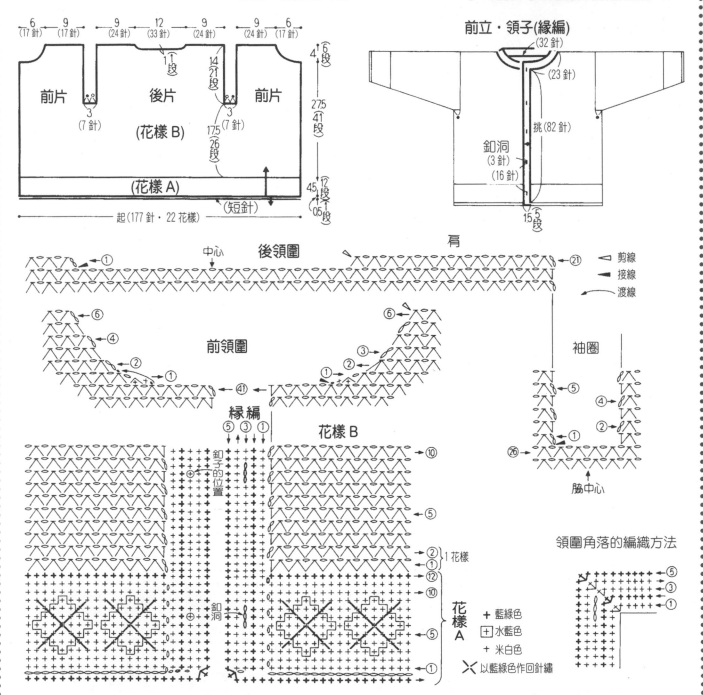

●菱形花樣的套裝〔8～18個月〕

材料——中細毛線　米白色 350g（7捲）、水藍色、藍綠色各 20g（各 1捲）。**工具**——4/0 號鉤針。

附屬品——直徑 1cm 的釦子 5 個、6mm寬的鬆緊帶 50cm。

成品尺寸——胸圍 67.5cm、肩寬30cm、衣長 36.5cm、短褲＝腰圍82cm、褲長 28.5cm。

織片密度——10cm 平方・花樣 B　26針×15 段。

編織重點　花樣 A＝以橫的渡線配色方法（第 60 頁）鉤短針的配色花樣。外套＝前後片連著編織，肩線以捲縫縫合，袖下線・上袖子都是以鎖針、引拔針作接縫。最後鉤緣編和縫上釦子。短褲＝參照圖順序鉤織花樣 B、A。

前立・領子(緣編)

後領圍　中心　肩

前領圍

袖圈

花樣 B

緣編

花樣 A

領圍角落的編織方法

+　藍綠色
[+]　水藍色
+　米白色
✕　以藍綠色作回針繡

◁　剪線
◀　接線
　　渡線

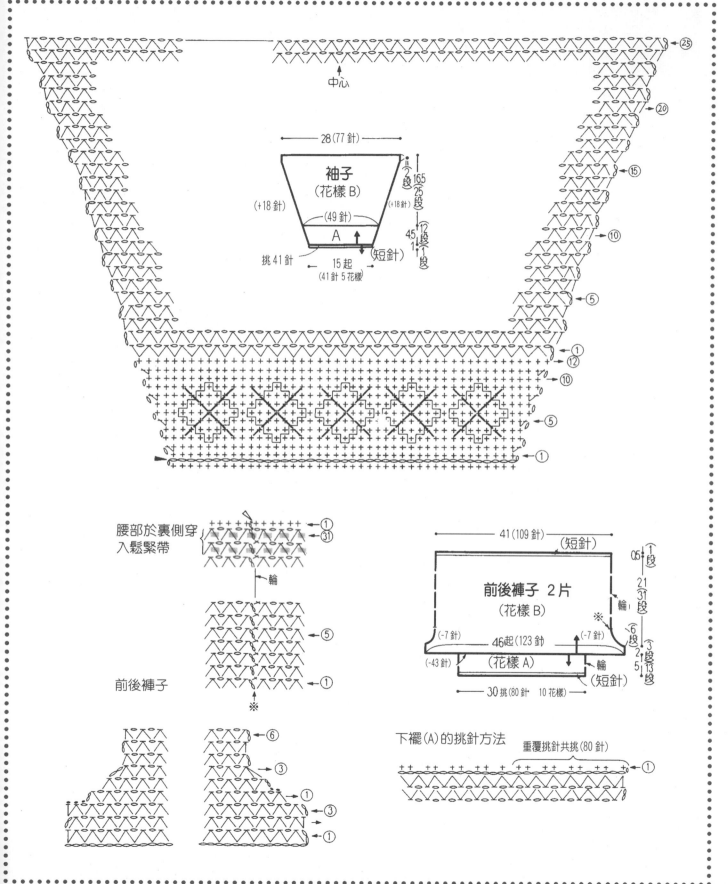

袖子
(花樣 B)

28(77 針)

(+18 針)　　(+18 針)

(49 針)

A

挑 41 針

15 起
(41 針 5 花樣)

短針

中心

165
25 段

45
1 段

⑤ ⑩ ⑮ ⑳ ㉕

① ⑤ ⑩ ⑫ ①

腰部於裏側穿
入鬆緊帶

① ㉛

輪

⑤

①

※

前後褲子

⑥ ③ ① ③ ①

前後褲子 2 片
(花樣 B)

41(109 針)

(短針)

(-7 針)　46 起(123 針)　(-7 針)

(花樣 A)

輪

(短針)

30 挑(80 針　10 花樣)

05
1 段

21
31 段

輪

6
段

2
5 段

3
段

13 段

※

下襬(A)的挑針方法

重覆挑針共挑(80 針)

①

彩色第20頁

●黃色的套裝〔8～18個月〕

材料——中細毛線——黃色小外套＝180g（4捲）、背心裙＝170g（4捲）。

工具——4/0號鉤針。

成品尺寸—小外套＝胸圍72cm、連肩袖長37.5cm、背心裙＝胸圍70cm、肩寬25cm、衣長42.5cm。

織片密度——10cm平方・花樣編織27針×13段。

編織的重點——小外套＝參照圖鉤1片圖案花樣，第2片的最後1段以網狀花樣作接合。背心裙＝由下襬的花樣開始編織。肩線以捲縫接合，脇邊以鎖針、引拔針接合。最後下襬前後連著以短針接合圖案花樣，鉤針、引拔針接合。最後下襬前後連著以短針接合圖案花樣，鉤織緣編作修飾。

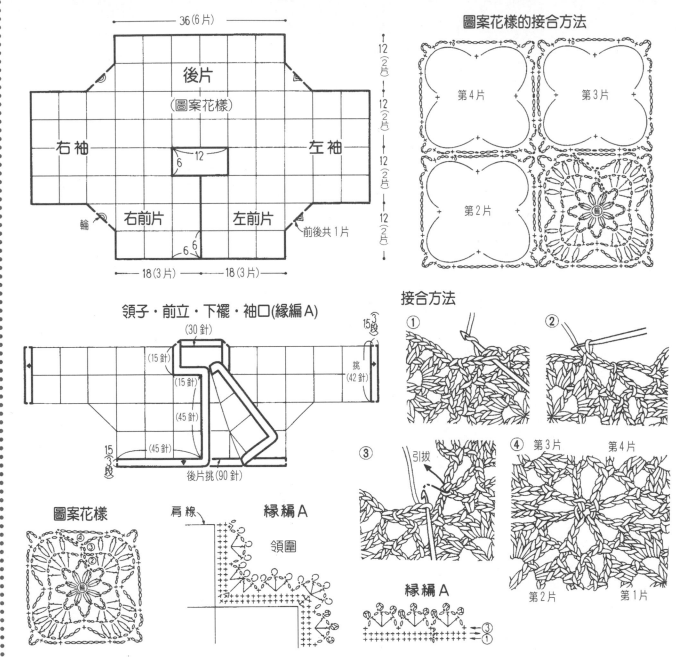

圖案花樣的接合方法

36（6片）

後片
（圖案花樣）

右袖　　左袖

12

右前片　　左前片

前後共1片

18（3片）　18（3片）

12（2片）　12（2片）　12（2片）　12（2片）

第4片　第3片

第2片

接合方法

領子・前立・下襬・袖口（緣編A）

（30針）
（15針）
（15針）
（45針）
（45針）
15 3段
後片挑（90針）
挑（42針）
15 3段

① ② ③ 引拔 ④ 第3片　第4片

第2片　第1片

圖案花樣
肩線
緣編A
領圍

緣編A

66

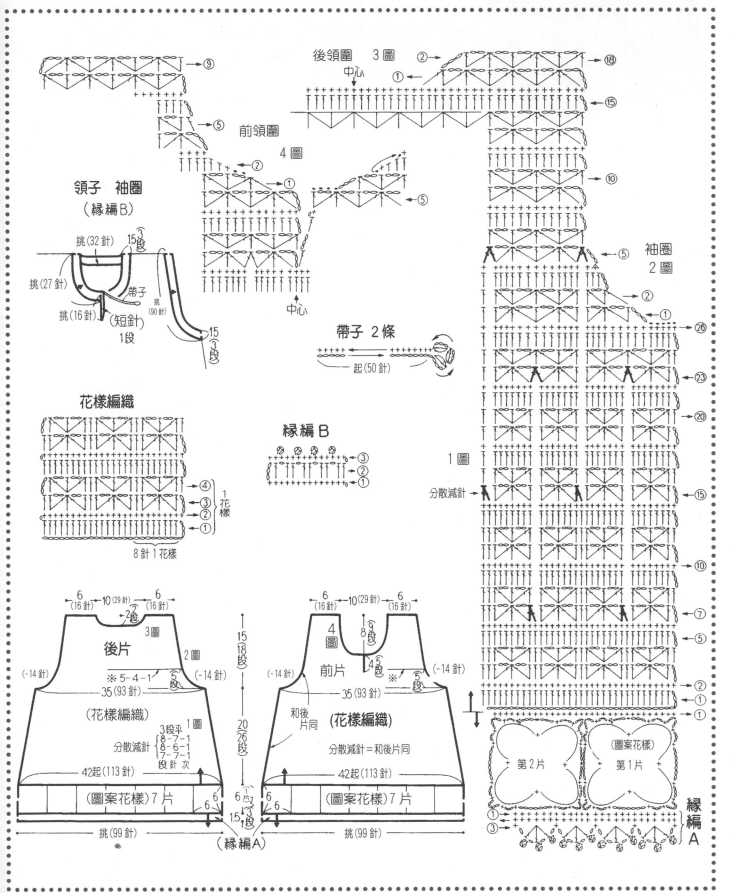

●輪狀編織的動物（熊・狗・貓・兔子）

材料——並太毛線・熊＝淺茶色 50g・狗＝米白色 50g、灰色少許、中細毛線・貓＝茶色、米白色各 20g、兔子＝粉紅色 30g、刺繡用中細毛線＝深茶色、黑色各少許。
工具——5/0 號鈎針（並太毛線）、3/0 號鈎針（中細毛線）。
附屬品——寬 1～1.5cm 的緞帶各

40cm、化纖棉各少許。
成品尺寸——並太毛線的作品 20cm、中細毛線的作品 15cm。
編織重點——以相同織法織成 4 隻吉祥動物。4 件作品的共通部分各分別以線編織，裝入化纖棉後作接縫。耳朵、尾巴分別參照圖製作縫上，最後刺繡出臉的表情。

※ 4 件作品全都以短針鈎織頭・身體・手・腳。

頭部的減針

（6 針）
（+22 針）
（28 針）
頭
（-16 針）
輪
（12 針）
（5段）（8段）（4段）

（3 針）④
①⑧
（7 針）

身體的減針
④①⑫
①

⑥身體
⑤頭
①開始編織處
輪

（14 針）縮緊
手
（+7 針）
（7 針）
（11段）（2段）

（16 針）
（8 針）（-8 針）
身體
（32 針）
（+26 針）
（6 針）
（4段）（12段）（6段）

（14 針）縮緊
手
（+7 針）
（7 針）
（11段）（2段）

（14 針）縮緊
腳
（+7 針）
（7 針）

（14 針）縮緊
腳
（+7 針）
（7 針）
（13段）（2段）

手和腳
各2隻

（14 針）
①
②（14 針）
輪①（7 針）

熊 (淺茶色的並太毛線) 5/0 號鈎針　　刺繡＝深茶色的中細毛線　　尾巴(短針)

平面繡
直線繡

裝入化纖棉縮緊

耳朵(短針) 2 個

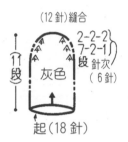

(10 針)縫合
5段
起(14 針)
1-2-1
4-2-1 } (-4 針)
段 針次

狗 (米白色和灰色的並太毛線) 5/0 號鈎針　　刺繡＝黑色的中細毛線　　尾巴(短針)

平面繡　　輪廓繡

耳朵
(短針)
2 個

(12 針)縫合
11段
灰色
起(18 針)
2-2-2
7-2-1 } (6 針)
段 針次

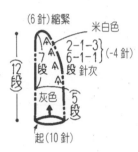

(6 針)縮緊
米白色
12段
灰色
起(10 針)
2-1-3
6-1-1 } (-4 針)
7 段
5段
段 針次

貓 (茶色和米白色的中細毛線) 3/0 號鈎針　　刺繡＝深茶色

平面繡　　直線繡

耳朵(短針) 2 個

(6 針)縮緊 茶色
5段
起(12 針)
1-2-2
3-2-1 } (-6 針)
段 針次

横條配色
頭・身體 { 米白色 2段
手・腳 { 茶 色 2段 } 重覆

辮子結的尾巴

接縫側
6c

米白色 10cm 12 條 1 束
茶 色 10cm 12 條 2 束 } 以 3 束線作辮子結

兔子 (粉紅色的中細毛線) 3/0 號鈎針　　刺繡＝深茶色

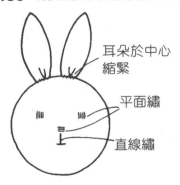

耳朵於中心縮緊
平面繡
直線繡

耳朵(短針)2 個

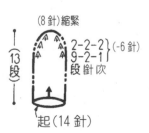

(8 針)縮緊
13段
起(14 針)
2-2-2
9-2-1 } (-6 針)
段 針次

絨球的尾巴　2線×捲50次

厚紙板
45c
3c
綁緊後修剪整齊

彩色第24頁

● 自由組合的套裝〔8～18 個月〕

材料——中細毛線　深藍色外套＝深藍色200g（4 捲）、米白色少許、米白色的外套＝米白色200g（4 捲）、深藍色少許、背心裙＝米白色 200g（4 捲）、短褲＝深藍色 110g（3 捲）、米白色少許。**工具**——3/0 號鉤針。

附屬品——直徑 1.5cm 和 1cm 的釦子各 4 個。

成品尺寸—外套＝胸圍 61cm、肩寬 24cm、衣長 29cm、袖長 22cm、背心裙＝胸圍 52cm、衣長 40cm。

織片密度　10cm 平方・花樣編織 28 針×14.5 段。

編織重點——褲子和背心裙請參看第 72・73 頁。

外套＝深藍色和米白色的 2 件作品顏色雖不同，但都是相同的要領編織。
花樣編織＝第 1 段是由織片的裏側以鉤長針開始編織。下 1 段是看著表側，先鉤 3 鎖針的立針、1 長針・表引長針則由前段的往前數第 3 針的長針針足鉤出。接下來的 2 長針則由表引長針的後方於前段的長針針頭鉤出。織好前後片、袖子。肩線、上袖子、脇邊、袖下線都以斜捲縫縫合。鉤織下襬・袖口的緣編，前立・領子的緣編是連著鉤織。最後參照圖於下襬・袖口・領子的織片上作鎖鏈繡。

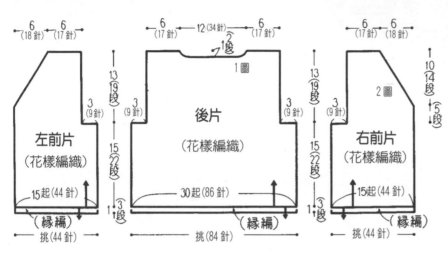

主色線＝米白色（鎖鏈繡＝深藍色 2 線）
主色線＝深藍色（鎖鏈繡＝米白色 2 線）

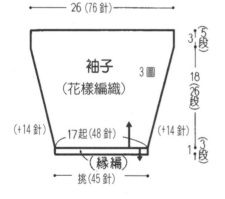

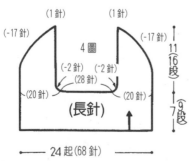

海軍領

4 圖

（長針）

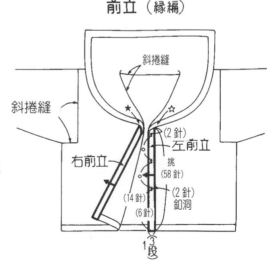

領子的緣編

5 圖

前立（緣編）

斜捲縫
斜捲縫
右前立
左前立
釦洞

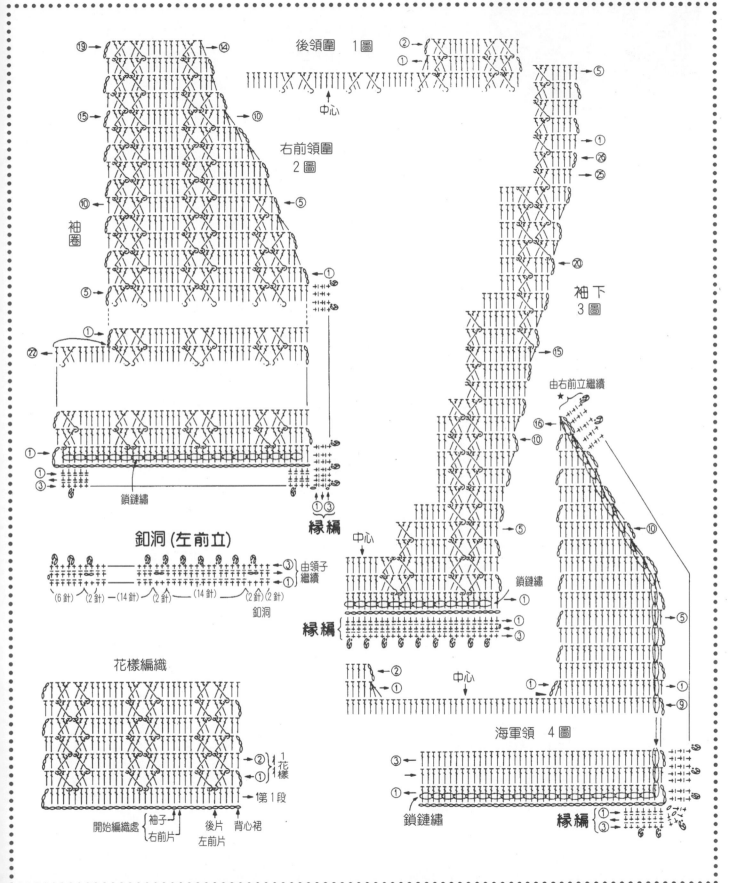

後領圍　1圖

右前領圍
2圖

袖圈

中心

袖下
3圖

由右前立繼續

鎖鏈繡

緣編

釦洞(左前立)

由領子
繼續

(6針)　(2針)—(14針)—(2針)—(14針)—(2針)(2針)
釦洞

花樣編織

中心

鎖鏈繡

中心

海軍領　4圖

1
花樣

第1段

開始編織處　袖子　後片　背心裙
　　　　　　右前片　左前片

鎖鏈繡

緣編

●自由組合的套裝〔8～18個月〕

編織重點 褲子＝編織前後形狀對稱
的2片。前後片的股下對股下、股上
對股上以斜捲縫作接縫。下襬的緣
編、腰部的長針都作輪狀編織，鬆緊
帶的穿入口處則需織成開口，由折山
線往裏側折以斜針縫縫接後，穿入鬆
緊帶。背心裙＝參照圖編織。

渡線的方法

整個線圈穿
出後拉緊

短針

引拔

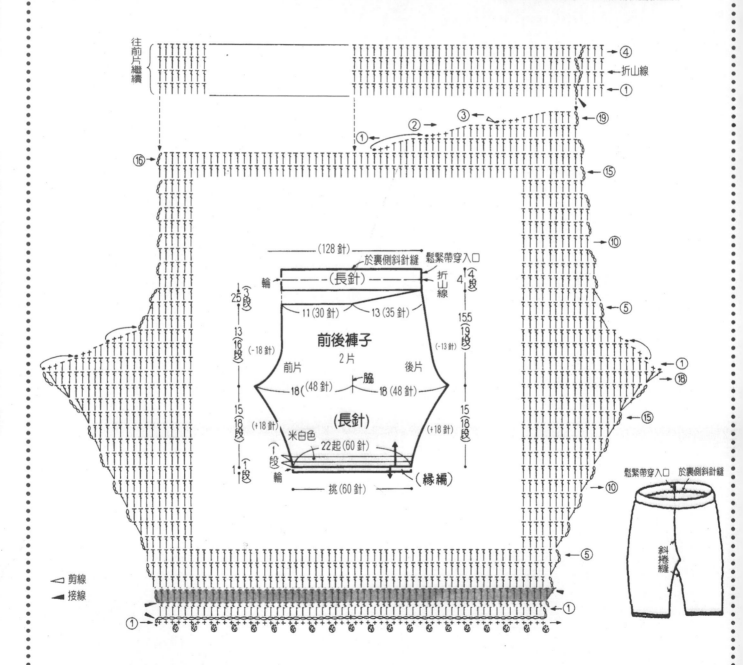

往前片繼續

④
折山線
①

②　③
①
⑲

⑯
⑮

⑩

(128 針)
於裏側斜針縫　鬆緊帶穿入口
輪 (長針)　折山線
25 3 段
11 (30 針)　13 (35 針)
4 4 段
13 (16 段) (-18 針)
15.5 19 段
前後褲子
2 片
(-13 針)
前片　後片
⑤

①
⑱

18 (48 針)　脇　18 (48 針)
15 18 段 (+18 針)
(+18 針)
15 18 段
⑮

(長針)
米白色
22 起 (60 針)
⑩

1 1 段
輪　(緣編)
挑 (60 針)

⑤

鬆緊帶穿入口　於裏側斜針縫

斜捲縫

△ 剪線
◀ 接線

⑤
①
①

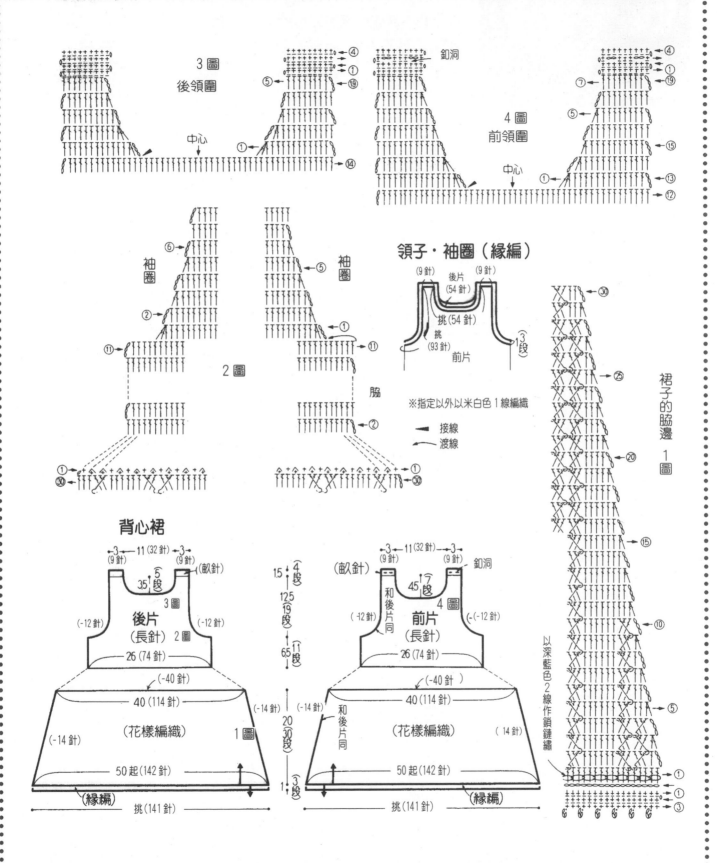

3 圖
後領圍

中心

4 圖
前領圍

釦洞

中心

袖圈

袖圈

2 圖

脇

領子・袖圈（緣編）

（9 針）　後片　（9 針）
（54 針）

挑（54 針）

挑
（93 針）　前片

（3 段）

※指定以外以米白色 1 線編織

◀ 接線
◀ 渡線

背心裙

→3← 11（32 針）→3←
（9 針）　　　　（9 針）
（畝針）
35↑⑤段

3 圖

後片
（長針）　2 圖

（-12 針）　　　　（-12 針）

26（74 針）

（-40 針）

40（114 針）

（花樣編織）　1 圖

（-14 針）　　　　　　（-14 針）

50 起（142 針）

（緣編）

挑（141 針）

15↑④段
12.5
（19 段）
6.5↑⑪段
20
（30 段）
1↑③段

→3← 11（32 針）→3←
（9 針）　　　　（9 針）
（畝針）　　　　　釦洞
45↑⑦段
4 圖

和後片同

前片
（長針）

（-12 針）　　　（-（-12 針）

26（74 針）

（-40 針）

40（114 針）

（花樣編織）

（14 針）

50 起（142 針）

（緣編）

挑（141 針）

和後片同
（-14 針）

裙子的脇邊
1 圖

以深藍色 2 線作鎖鏈繡

●花和小熊作裝飾的外套〔8～18個月〕

材料——中細毛線 米白色 195g（4捲）、米黃色、深茶色各少許。

工具——3/0 號鈎針。**附屬品**——直徑 1.5cm 的釦子 5 個、直徑 6mm 的黑色釦子 2 個、寬 1cm 的緞帶 20cm。

成品尺寸－胸圍 61.5cm、肩寬 24cm、衣長 34.5cm、袖長 24cm。

織片密度——10cm 平方・長針 26 針×12 段。

編織重點　前後片・袖子都是編織長針。肩線以捲縫縫合，脅邊・袖下以鎖針、引拔針作接合。上袖子以引拔接合。將織好的小熊和小花參照圖的配置位置斜針縫縫於前後片上，最後再作上刺繡。

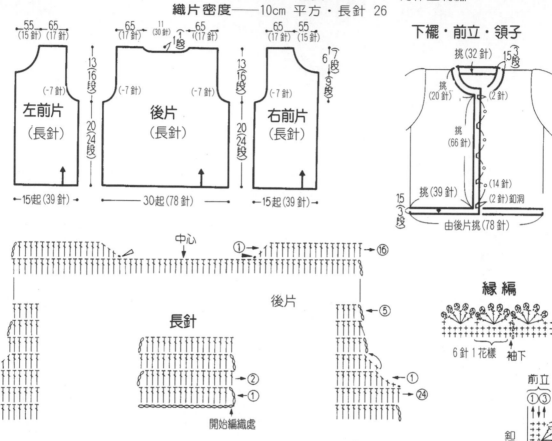

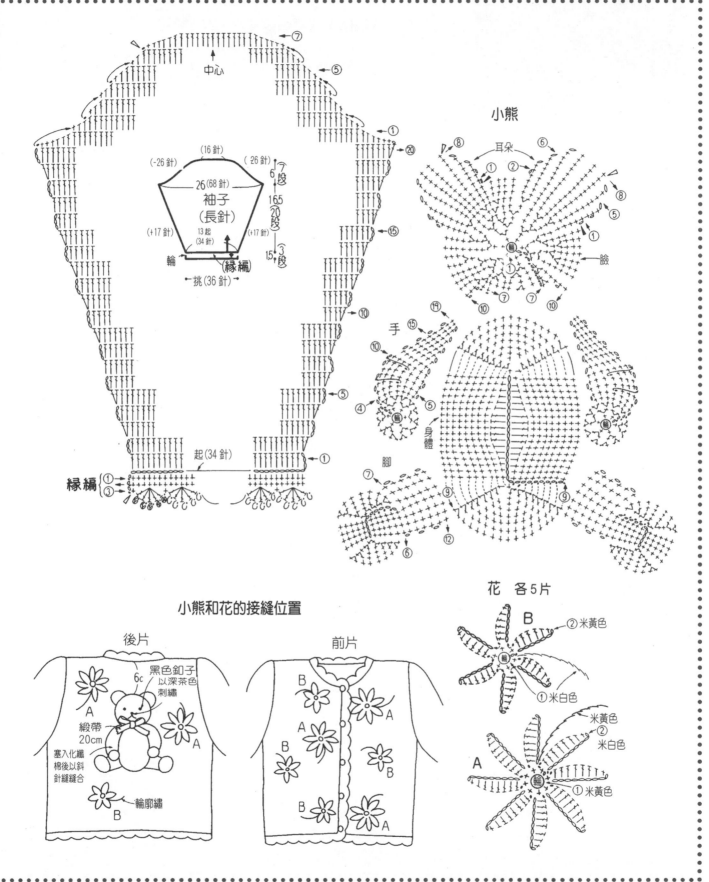

中心

小熊

(16針)
(-26針)　　　　(26針)
26(68針)
袖子
(長針)
(+17針)　　(+17針)
13 起
(34針)

緣編
起(34針)

挑(36針)

緣編

耳朵

臉

手

身體

腳

小熊和花的接縫位置

後片

黑色釦子
以深茶色
刺繡
6c
緞帶
20cm
塞入化纖
棉後以斜
針縫縫合
輪廓繡

前片

花　各5片

B
②米黃色
①米白色

米黃色
米白色

A
①米黃色

●配色花樣的套頭上衣和褲子〔12～24個月〕

材料——中細毛線 套頭上衣＝米白色 100g（2 捲）、紅色 90g（2 捲）、褲子＝紅色 140g（3 捲）、米白色 20g（捲）。**工具**＝ 3/0 號鉤針。**附屬品**——直徑 1cm 的釦子 2 個、1cm 寬的鬆緊帶 40cm。

成品尺寸——胸圍 58cm、肩寬 24cm、衣長 32.5cm、袖長 24.5cm、褲長 51.5cm。

織片密度——10cm 平方・花樣編織 25 針×12 段。

編織重點 花樣編織＝ 1 花樣是 8 針 4 段。套頭上衣＝參照圖編織前後片，右肩線接縫。編織袖子，縫合袖下線及脇邊後接縫袖子。褲子＝編織前後形狀對稱的 2 片，縫合股上線和股下線，作最後的修飾整理。

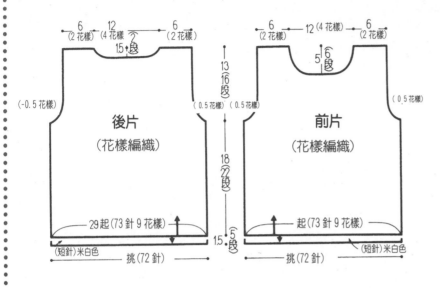

肩開襟・領圍(短針)米白色

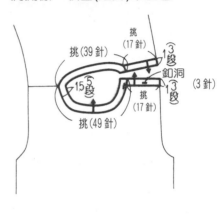

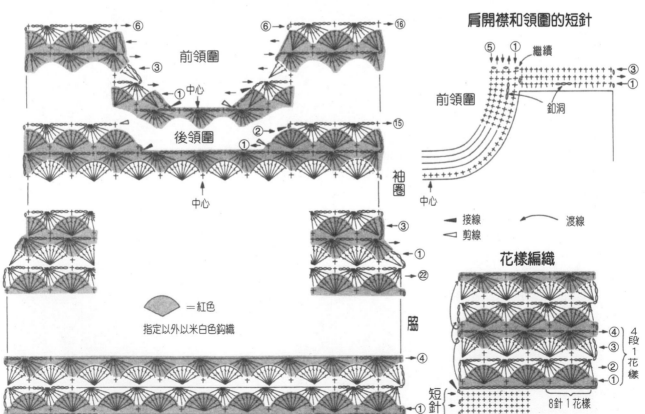

肩開襟和領圍的短針

= 紅色
指定以外以米白色鉤織

花樣編織

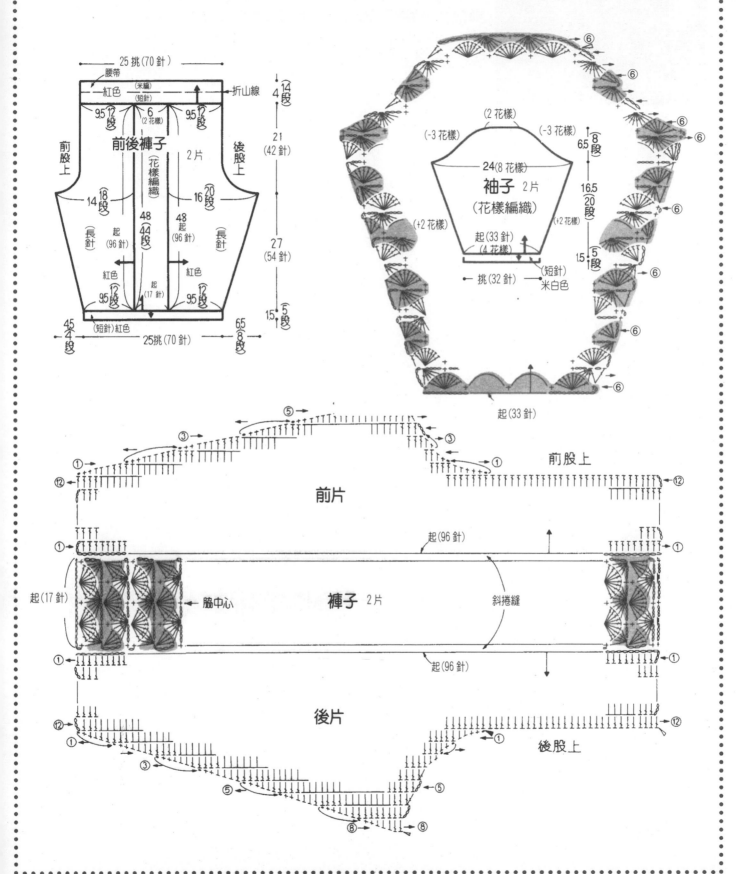

Q

●配色花樣的套頭上衣和小東西的成套組合〔12～24個月〕

材料——中細毛線　套頭上衣・圍巾・帽子・手套＝計紅色 190g（4 捲）、米白色 45g（1 捲）。

工具——5/0 號鉤針。

附屬品——直徑 1.2cm 的釦子 2 個。

成品尺寸——套頭上衣＝胸圍 68cm、連肩袖長 37.5cm、衣長 33.5cm。小東西＝參照圖。

織片密度　10cm 平方・長針 21.5 針×10 段。

編織重點　花樣 A＝作橫的渡線配色編織（請參照第 60 頁）。套頭上衣＝編織身片和袖子。接袖止點以別線作記號。肩線接合後上袖子。縫合脇邊袖下線。最後鉤緣編和作刺繡。小東西＝參照各圖編織。

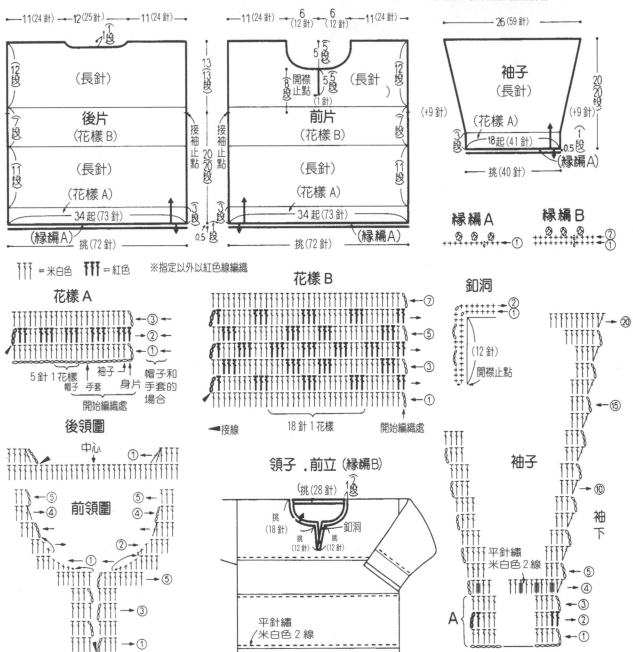

†††＝米白色　†††＝紅色　※指定以外以紅色線編織

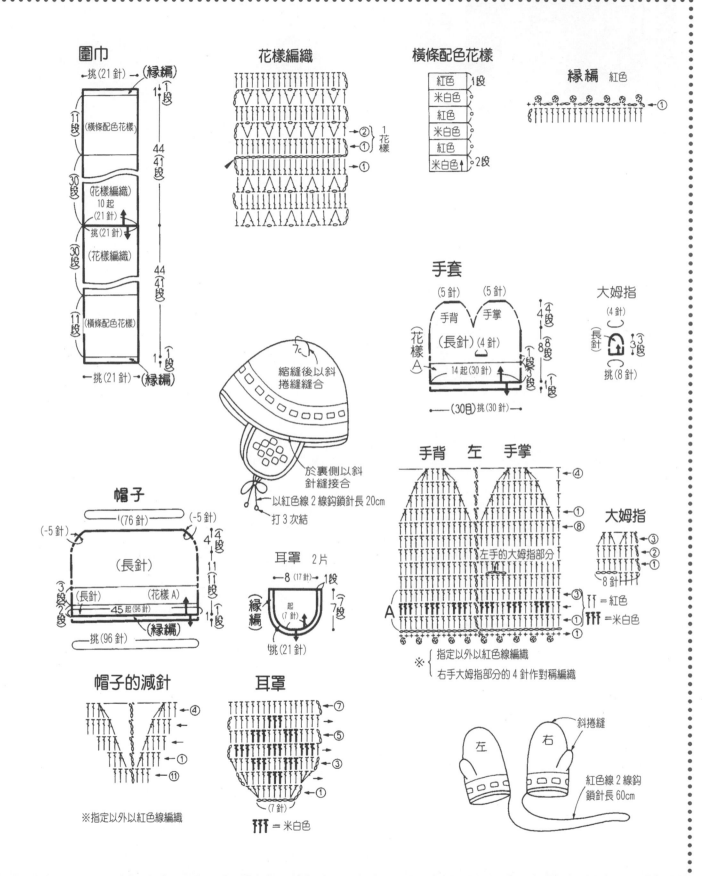

圍巾

━挑(21針)━ (緣編)

(橫條配色花樣)

44
41段

(花樣編織)
10起
(21針)

挑(21針)

(花樣編織)

44
41段

(橫條配色花樣)

━挑(21針)━ (緣編)

花樣編織

2
1 1花樣

橫條配色花樣

紅色	1段
米白色	
紅色	
米白色	
紅色	
米白色	2段

緣編 紅色

手套

(5針) (5針)
手背 手掌
(花樣A)
(長針)(4針)
14起(30針)

(30目)挑(30針)

大姆指

(4針)
(長針)
挑(8針)

帽子

(76針) (-5針)
(-5針)
(長針)
(長針) (花樣A)
45起(96針)
(緣編)
挑(96針)

縮縫後以斜捲縫縫合

於裏側以斜針縫接合

以紅色線2線鉤鎖針長20cm

打3次結

耳罩 2片

8 (17針) 1段
起(7針)
(緣編)
挑(21針)

手背 左 手掌

大姆指

8針

A
= 紅色
= 米白色

※ 指定以外以紅色線編織
右手大姆指部分的4針作對稱編織

帽子的減針

※指定以外以紅色線編織

耳罩

(7針)

= 米白色

斜捲縫

左 右

紅色線2線鉤
鎖針長60cm

彩色第32頁

●連帽外套〔12 24 個月〕

材料──中細毛線 紅色 170g
（4 捲）、米白色 10g（1 捲）、綠色
5g（1 捲）。工具──5/0 號鉤針。
附屬品──直徑 1.2cm 的釦子 5 個。
成品尺寸──胸圍 70cm、肩寬 30cm、
衣長 32cm、連帽長 25cm。
織片密度──10cm 平方・長針 21.5
針×10 段。

編織重點 前後片 袖子都由中心
起針以長針分向左右編織。肩線和脇
邊的縫合、上袖子等都以斜捲縫縫
合。連帽部分・口袋參照圖都是另外
編織後再作接縫。鉤織緣編，前片和
連帽

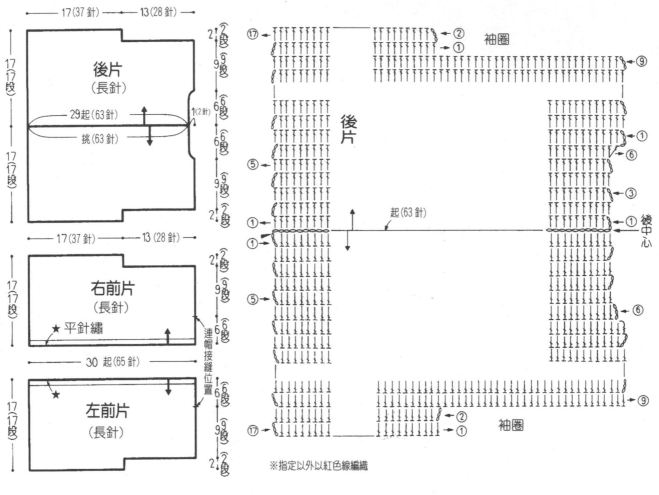

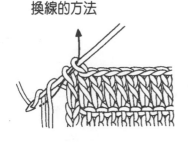

※指定以外以紅色線編織

換線的方法   由針目的挑針方法   由段的挑針方法

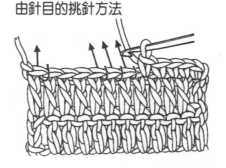

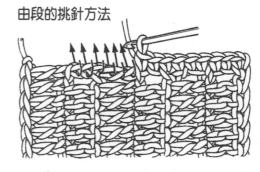

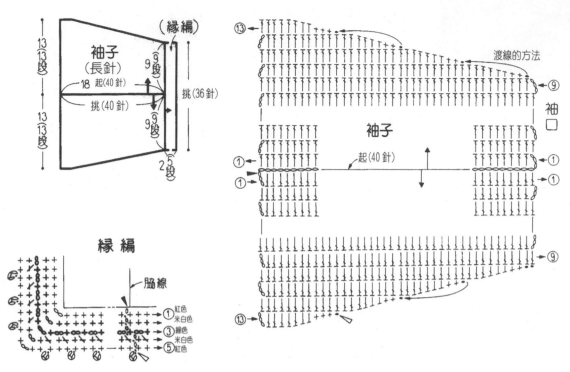

袖子（長針）

13（13段）
13（13段）
18 起（40針）
挑（40針）
9（9段）
9（9段）
挑（36針）
2（5段）
（緣編）

袖子

渡線的方法
起（40針）
袖 □
⑬ ① ⑨

緣 編

脇線
① 紅色 米白色
③ 綠色 米白色
⑤ 紅色

平針繡

綠色線 4 線
①

連帽部分（長針）

16（16段）
16（16段）
後中心
★平針繡
★
25 起（54針）

◁ 剪線
▲ 接線

口袋

（緣編）
長針
挑（21針）
10（10段）
起（13針）
6
2（5段）

連帽的周圍 前立・下襬（緣編）

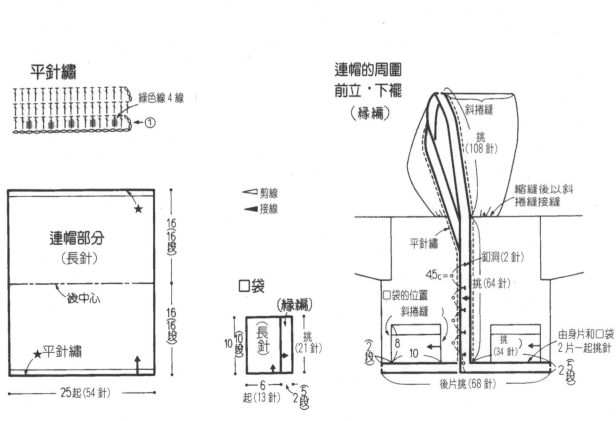

斜捲縫
挑（108針）
縮縫後以斜捲縫接縫
平針繡
釦洞（2針）
4.5c＝
挑（64針）
口袋的位置
斜捲縫
8 10
挑（34針）
由身片和口袋 2 片一起挑針
後片挑（68針）
2（5段）
2（5段）

● 背心和小東西成套組合〔12 個月～24 個月〕

材料——中細毛線　背心・帽子・圍巾＝米白色 100g（2 捲）、綠色 50g（1 捲）、紅色 20g（1 捲）。

工具——5/0 號鉤針。

附屬品——直徑 1.2cm 的鈕子 5 個。

成品尺寸—背心＝胸圍 56cm、肩寬 28cm、衣長 28cm。帽子・圍巾＝參照圖。

織片密度——10cm 平方・長針 22 針×10 段。

編織重點　背心＝身片由後中心起針，以長針作左右對稱的編織至前片，是為橫編的作品。肩線、口袋都以斜捲縫接合。鉤織緣編，胸前以聖誕環圈為裝飾，最後縫上鈕子。帽子・圍巾＝參照各圖編織。

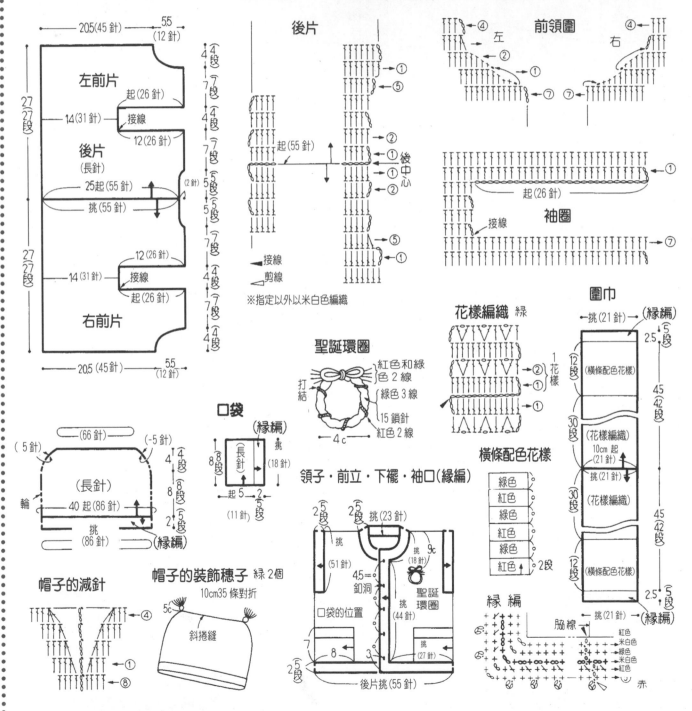